本书为国家社会科学基金青年项目"质量概念研究"（批准号：14CZX019）成果

质量概念研究

杨敏姣◎著

云南大学出版社
YUNNAN UNIVERSITY PRESS
·昆 明·

图书在版编目（CIP）数据

质量概念研究 / 杨敏姣著. -- 昆明：云南大学出版社，2022
ISBN 978-7-5482-4492-9

Ⅰ. ①质… Ⅱ. ①杨… Ⅲ. ①质量(物理)-研究 Ⅳ. ①031

中国版本图书馆CIP数据核字(2022)第156317号

策划编辑：张丽华
责任编辑：陈　涵
封面设计：任　微

质量概念研究

ZHILIANG GAINIAN YANJIU

杨敏姣◎著

出版发行：	云南大学出版社
印　装：	昆明德鲁帕数码图文有限公司
开　本：	889mm×1194mm　1/32
印　张：	8.75
字　数：	230千
版　次：	2022年9月第1版
印　次：	2022年9月第1次印刷
书　号：	ISBN 978-7-5482-4492-9
定　价：	38.00元

地　址：	昆明市一二一大街182号（云南大学东陆校区英华园内）
邮　编：	650091
发行电话：	0871-65033244　65031071
网　址：	http://www.ynup.com
E-mail：	market@ynup.com

若发现本书有印装质量问题，请与印厂联系调换，联系电话：0871-67335884。

序　言

质量（mass）是描述物质最基本属性的物理量，是继空间与时间之后物理学与哲学中最重要的基本概念。它是物理学各个分支和科学思想中不可或缺的概念之一，当前的基本粒子理论以及场理论中仍存在某些难以解决的问题，要破解这些难题需要涉及对质量概念的追溯。质量概念被普遍认为是物理学中一个相当复杂的基本概念，对质量概念的讨论一直是物理学和哲学领域最受关注和最难解决的问题之一，至今也没有人对此给出一个逻辑上和科学上不存在异议的表述。

牛顿把对质量的定义放在其《原理》的第一条，之后，对它的意义、它的本性，以及它在物理学中的地位的进一步理解一直吸引着物理学家和哲学家们的注意。自牛顿开始，近现代物理学史上，质量概念出现的形态依次有物质的量、惯性质量、引力质量、电磁学质量、狭义相对论质量，以及广义相对论下等效原理中的质量概念。而归根到底，所有这些质量概念的形态都可以表达为两种根本不同的类型，即惯性质量和引力质量。电磁学中对电磁惯性的解释和狭义相对论中可变质量的提出，本质上都是指动力学意义上的惯性质量。牛顿提出的引力质量（也可称重力质量）是在万有引力定律下物体作为行为主体的区别于惯性质量的独立形态的另一个描述物质属性的量，而爱因斯坦的等效原理把惯性质量与引力质量的相等作为其广义相对论的一个自然结果。

质量概念的产生是基于物质实体的，在质量概念提出后的很长一段时间里，物质和质量两者还可以互相替换。19 世纪电学和光学的发展产生了物理学的另一基本范畴，即"场"这一概念，"场"被作为物质与能量的等价物，"场"概念在方法论上优于"质量"，因为"场"是试图用来直接描述物质的。机械论观念的衰退使科学家们试图把概念经典力学还原为电磁学，而这一过程的关键是要把力学中不可约的质量还原为电磁质量。这是首次对解决质量本性问题的科学尝试。狭义相对论的提出引起了质量概念的进一步修正，并导致了之前质量和能量混杂问题的统一。在经典力学中两个不同的概念，即惯性质量和引力质量，在广义相对论中也被视为等效的。在现代物理学中，认为不变的原子之类的粒子是组成物质的本原的观念已经遭到抛弃，随着物质观念的变化，质量的意义已经改变并还需进一步的研究和认识。

纵观近几十年来物理学家和哲学家对这一问题的研究，对质量概念的研究主要体现在对质量与能量的关系问题、相对论质量问题以及质量的起源问题的讨论上。

我国学术界对这一问题的研究起步较晚，主要有 20 世纪 80 年代的胡素辉、金尚年对质量概念的建立和发展过程中的一些解释和争论所做的研究，阎康年对牛顿力学中质量概念的提出以及马赫对此概念的重新定义进行了思考，之后有关洪、赵凯华、张三慧、卢昌海等从物理学的角度讨论了这一概念。目前国内对这一问题主要限于在物理学内部对质量这一概念的历史发展及其物理意义所做的局部研究，对于质量在前科学时期的自然哲学和近现代科学的产生与发展中的演化过程没有做过系统的梳理研究，也没有对其背后的哲学问题做深入系统的研究。

国外则主要是从科学史角度对这一概念的分析和演变做了深入系统的研究，马克斯·雅默（Max Jammer）的《质量概念》（1961 年和 1999 年）对质量概念的产生及其历史发展做了一个综合的和连贯的考察，阐述了近现代物理学中人们对这一概念的不同解释和看法，对更深入阐释质量概念的含义和其在科学上的作用做出了重要贡献。斯蒂芬·高克罗杰的《科学文化的兴起：科学与现代化的塑造》（2006 年）详细论述了微粒论这一物质理论与近代机械论的兴起之间的关系，以及原子论与自然哲学定量化的过程。O. Belkind 的《物理学体系》（2012 年）对牛顿质量概念产生的微粒论解释，以及对质量和能量概念采取的框架相关性解释很有启发意义。彼得·迈克尔·哈曼的《19 世纪物理学概念的发展》（1982 年）一书对能量和场概念的历史发展过程做了清晰的论述。A. Koslow 对马赫质量概念的因果性传统做了阐述，Erik C. Banks 从马赫的物质理论出发，对其质量概念做了详细分析。还有 Carl G. Adler、Lev B. Okun 和 Peter M. Brown 等人对相对论质量与静止质量概念的引入进行了讨论，D. W. Sciama、A. K. T. Assis、Frank Wilczek 等人对质量的起源问题进行了探究。另外，对质量概念进行的哲学和科学思考分散于一些的科学家，如牛顿、马赫、爱因斯坦等人的原创性著作中。

本书试图在勾勒质量概念产生与演化的哲学基础和科学历史的基本轮廓的同时，对不同形态质量概念含义的表述和争论背后涉及的对物质本性和对时间空间的认识等形而上学问题做语境分析，以求达到对它的现代科学及哲学意义的充分理解。对质量概念的解释随着物理理论的每一次革新，不断进行重大修正，因此，阐明这一概念的哲学意义，可对物理理论的形而上学和概念性基础提供重要见解。

本书共有七章，按照质量概念产生和发展演化的时间顺序，以科学史和哲学思想两条线索相互贯穿。科学史线索是指质量概念在科学史的不同时期所呈现的不同形态及其含义；哲学思想线索是指质量概念产生的哲学基础和发展过程中所体现的哲学背景。

第一章是质量概念的哲学思想起源。本书首先探讨了"物质的量"作为质量概念的前身，在近代科学产生之前的古代思想中的含义。"物质的量"是质量概念的前身，以何种特征来描述物质的基本属性，决定了物质基于何种特征来进行量化。微粒论作为近代科学产生的形而上学基础，与机械论的兴起密切联系在一起。单一同质惰性（惯性）可量化的微粒论和无差别的同质的无限几何空间构成惯性定律的形而上学基础。惯性定律是机械论最直接的表达，它奠定了近代机械论的世界图景，使近代科学用一个存在的世界取代了一个生成的世界，用机械自然观代替了目的论的自然观。惯性定律是将之前已经成熟的阿基米德静力学和伽利略开创的运动学转变为动力学的关键前提假设。惯性定律的产生和在此过程中所体现的伽利略、笛卡儿和牛顿等人的关于物质和空间的哲学思想最终导致了运动学、动力学的定量化研究。这些是牛顿将"物质的量"（惯性质量）作为由运动学到动力学转变的首个定量化概念的思想起源。

第二章是经典力学中的质量概念。经典力学中的质量包括惯性质量和引力质量。开普勒在对行星椭圆运动的动力学解释中提出了惯性质量概念，牛顿在微粒论的基础上提出了质量概念，并把它正比于物体的惯性。牛顿关于物质的基本属性，即"不可穿透性"的认识，是建立在他的粒子本体论的基础上的，而不可穿透性或硬性又是使物体具有动力学惯性的原因。电磁学通过对惯性本性的研究，首次揭示了质量的起源问题，认为惯性是一种电磁现象，惯性质量是一种感应效应，从而动摇了物理实在的实体概念，促使经典物理学向现代物理学过渡。本书最后一节论述了重量（重力）概念的历史和引力（重力）质量概念的科学含义。

第三章是马赫对牛顿质量概念的批判。马赫是连接经典物理学与现代物理学的关键科学家和哲学家，对相对论的产生有直接影响。马赫基于彻底的经验主义观点，对经典物理学，特别是质量概念的批判，对爱因斯坦产生了重要影响，是其相对论理论产生的重要思想来源。本章概述了马赫基于操作主义的方法来定义质量概念，以及这种方法在多粒子系统的应用上和关于参考系的独立性问题上受到不同学者的质疑和辩护。之后，我们分析了马赫质量定义的哲学基础，即他的物质理论和空间理论。马赫将这两者作为哲学基础表明了马赫是把与知觉相关的压力同作用与反作用力一起放在力学的首要位置，并依此定义了质量概念。

第四章是狭义相对论中的质量概念。狭义相对论显示，物体的质量随着速度的增加而增加。相对论质量与静止质量这两个概念的不同观点引起了大量学者的长期讨论。本章第二节介绍了C. G. Adler、I. B. Okun、P. M. Brown、M. Jammer 等人从物理学的角度对此问题提出的看法，以及内格尔、费耶阿本德、库恩、O. Belkind 等人从科学哲学的角度对相对论质量概念提出的观点；反映了在物理学革命的过渡时期，不同的科学家和哲学家站在新旧不同的立场上对这一问题的观点。总体来说，赞同只有静止质量的观点是基于质量的"物质的量"的定义；赞同只有相对论质量的观点是认为相对论是一种更普遍的理论，质量只是一种惯性效应；而赞同两种同时使用的观点，或者认为二者不可通约，或者认为这样是为了方便。

第五章是质量与能量。本章第一节概述了能量概念产生和发展的历史。由于能量的转化与守恒成为自然界的普遍规律并获得广泛应用，使得能量逐渐获得了与物质等同的本体论地位，并与质量一起作为描述物质基本属性的物理量。爱因斯坦质能关系式的出现使质量概念进一步失去了其传统的含义和地位，甚至引起关于科学实体与物质实在的争论。本章最后介绍了 O. Belkind 把质量和能量看作是在匀速运动范式结构中由四－动量描述的运动的不同表现形式的几何参数。这是一种结构实在论的观点。

第六章是广义相对论与场论中的质量概念。爱因斯坦将惯性系推广到匀加速参考系，证明了引力场与对应的参考系加速完全物理等效，从而使惯性质量与引力质量的等效成为其广义相对论的一个自然结果。对引力特性的实验研究引起了对负引力质量和无质量问题的研究，中微子开始被认为是无质量的，但后来被认为构成了全部宇宙的绝大部分质量。由于经典物理学不能严格推导出量子力学，而质量本身也不是一个可观察的量，因此量子力学中质量概念的地位没有得到澄清。量子场论中质量的发散困难消除了其成为终极理论的可能性。爱因斯坦通过将引力场与时空结构的合并，把经典的质量概念引入广义相对论，在其中质量概念是符合广义协变原理的。最早揭示质量本性的电磁学理论是一个局域的动力学质量理论。马赫在对牛顿绝对时空的批评中最早暗示了惯性的相对性，爱因斯坦认为粒子的惯性质量取决于其他质量的存在以及它们相对于粒子的加速度。质量概念在场论中失去了其粒子本体论的基础，使我们对物质的认识过渡到场本体论。同时，场与时空的合并使得牛顿的绝对虚无的空间观变为一种充实的连续的整体的空间观。

第七章是从科学哲学和现象学的角度分析质量概念。本章首先概述了科学实在论的不同派别，然后论述了亚里士多德与海德格尔对实体与实在的分析。可以看到，实体往往指的具有物理现实的具体事物本身，它既可以是粒子，也可以是场；而实在不是指物体的现实存有性，它是指对物的本质的一种先验规定性。所以，实在既可以是指物理实体的实在，也可以是指结构实体的实在。粒子本体论作为经典物理学的形而上学基础，是以质量来描述物质属性的思想基础的。后来，能量也成为物质实体，与质量一起用来描述物质的基本属性。质量概念经由牛顿的惯性质量到电磁学质量再到相对性理论下的广义场论中的质量，物质实体的最基本对象经由粒子转换到场，实体实在转变为结构实在；同时，场的本体论统一了质量和能量概念，粒子成为场激发的一种表现和特征，是第二性的实体实在，对物质的理解由构成论过渡到生成论。通过广义场论中物质与时空的统一，实现了物理实体与结构实体的统一。

目　录

第一章　质量概念的哲学思想起源

第一节　"mass"一词的词源

"mass"一词与其拉丁语的等价词 massa，从 17 世纪初以来就在物理学中共同使用，因此，毫无疑问，我们现在物理学中使用的"mass"一词（法语：masse；德语：masse；俄罗斯语：macca；西班牙语：masa）来源于拉丁语 massa，它最初表示一块生面团或糊状物。在现代语言中，这一术语在更为普遍的意义上表示"块"（lump），一个物体的团块或聚合体。这个词在教会的拉丁语中，也具有这个含义。拉丁文《圣经》（公元 4 世纪后期）有 massa caricarum（1 列王纪 25：18），massa fcorum（4 列王纪 20：7），两者都是无花果蛋糕的意思。

massa 在拉丁文中经常与金属的名称一起使用，例如，在 *Codex Justinianaeus* 的 Ⅺ 或者 *Codex Theodosianus* 的 Ⅵ 部分中的 aurea massa。类似使用 massa 的例子出现在奥维德（Ovid）、弗吉尔（Vergil）、普林尼（Pliny）以及韦纳尔（Juvenal）的著作中。塞维利亚的伊西多尔（Isidore）在他的《语源学》中定义 massa 时特别提及冶金学："有三种银、金或铜：印花的、锻造的、未锻造的。印花的在硬币上，锻造的在花瓶和雕像上，未锻造的在 masse 上。"还有一点很重要，拉丁语 moles 往往与 massa 是同义的，例如，在普林尼那里，两个词都是指占有一定体积的物质。

拉丁语 massa 来自希腊语 maza，意指"大麦饼"。显然，它的拉丁语比希腊语有更具体的意义。maza 是一个在希罗多德时期希腊文学作品中常见的词语，被用来表示一种次等品质的小麦面包，埃斯库罗斯在他的《阿伽门农》中使用这一词表示"奴隶吃的面包"。希波克拉底明确区分了更加雅致的面包（artos）和普通大麦蛋糕（maza），他说："当春天到来……用面包代替大麦蛋糕。"在《阿哈奈》中，尤其是在《骑士》中，阿里斯托芬在最不敬的意义上谈到 maza，指出 maza 远非被视为精美的食物，甚至不用于食用，而是作为一个汤勺子舀出的软面包屑。这个词也被色诺芬、柏拉图，以及卢西安广泛使用。①

在下一节中，我们将看到质量概念的第一个明确的定义（在 quantitas materiae 的意义上）——如何来自关于圣餐面包的变体问题的逻辑分析。因此，从这一点来讲，这个词的概念在历史上有一个共同的起源。

早在汉代，许慎的《说文解字》中就收有"质、量"："质，以物相赘。""量，称轻重也。"可见汉语中的质最初是与钱币相关的，量则是用来衡量物质轻重的标准。

第二节　古代西方思想与"Quantitas Materiae"

一、古希腊时期对物质的量度

早在史前时期，随着商业的崛起和各地区之间货物交换的扩大，人们需要衡量货物数量，但对于像谷物和金属这样的货物，单独用数量计数进行测定是不切实际的。实际的需要催生了物质的量的想法。古人有两种有效的方法可以使用：对重量的测定和

----

① Max Jammer. Concepts of Mass：in Classical and Modern Physics [M] . Cambridge：Harvard University Press, 1961, pp. 7 - 9.

对体积的测定。历史上最先用于测量过程的物理维度可能是空间和时间，即距离和持续，因此最早的度量标准是长度和时间（步、日、月等）的单位。除此之外，对物质的度量最早用的是体积单位，而不是重量单位。例如，著名的拉格萨王子的银花瓶（公元前 2800 年），它的容积被作为 10 西拉（约 5 升）的一个定义。而重量单位迈纳（mina），在亚述帝国时（公元前 726—公元前 722 年）才被宣布为正式的重量标准（约 1000 克）。①

皮埃尔·布特鲁在一篇关于动力学原理的文章中宣称，对亚里士多德关于重物自由下落的错误结论负责的可能是重量的概念。在古代的哲学物理学思想中，重量是一个密集的而不是广延的数量，一个物体的重或轻要看其所含元素及其比例。亚里士多德学派认为重量可能因此不能被视为对各种材料具有普遍适用性的物体数量的衡量。因此它不可能担任 quantitas materiae 的角色，因为这种程序将必然要预先假设重量和数量上的对应或相称性。但是，在亚氏哲学中这种相称性是绝对不可接受的，因为如火元素或它的复合物，拥有固有的轻性。②

可见，与贸易和商业不同，哲学中的重量不是物质数量的衡量。接下来的问题是，根据亚里士多德的学说，容量或体积是否可以用于这样一种测量。亚里士多德在《物理学》中声明："一个物体当它在体积上变得更大或更小时，它的质料也可以保持等同。这是明显的，因为当水变成气时，同一质料变成了不同的事物，这时并没有增加额外的东西，而是原来潜在的事物这时变成了现实的事物；气变成水也是一样的，一个是从更小的体积变成

----

①　Max Jammer. Concepts of Mass：in Classical and Modern Physics［M］. Cambridge：Harvard University Press，1961，p. 16.

②　Ibid，p. 16.

更大的体积，另一种则是从大的变成小的。"① 体积的变化不会影响该物质的特性，也就是说，体积不是决定物质普遍特性的度量，因此与重量一样，体积也不能作为"物质的量"的衡量。

综上所述，质量的概念在 quantitas materiae 的意义上与亚里士多德的思想是无关的。那么，亚里士多德的观点中是否至少具有一个动力学或惯性质量概念的预兆呢？亚氏的运动由两种力合成，即推力和阻力，且两者都在物体本身之外。在他那里，物质是被动的。他拒绝承认抵制推力的内在阻力（惯性质量）的存在，并在他的动力学的基本法则的基础上证明了每一个物体的基本特性都是具有一定的重（或轻）。用现代术语而言，亚里士多德的力学无论对引力场或者阻尼介质的运动来说，都是一个逻辑一致的理论；但对于真空（亚里士多德不承认其存在）中的运动，并在引力不存在的情况下，他的理论就不起作用了，这正是由于质量的动力学概念的缺乏。②

一个经常被引用的表达物质自存的原则来自卢克莱修著名的声明，在他的哲学诗《物性论》中，他断言物质不灭的原则："自然将一切化为由原子组成并从没减少什么。"③ 在他的原子和真空理论中，卢克莱修的概念方案不同于亚里士多德模式。首先，按照假设，所有的原子被赋予重量，重量已不再是物质的一个偶然性质，而成为物质的一个普遍的属性；其次，文章明确提出了"大量物质"（粒子）与"重量"的相称性，这表明重量可以作为一个普遍的衡量标准。因此，对卢克莱修而言，重量可以

---

① ［古希腊］亚里士多德. 物理学［M］. 张竹明，译. 北京：商务印书馆，2006：119.

② Max Jammer. Concepts of Mass：in Classical and Modern Physics［M］. Cambridge：Harvard University Press，1961，p. 17.

③ ［古罗马］卢克莱修. 物性论［M］. 方书春，译. 北京：商务印书馆，1997：23.

担任物质的量的测量，并且物质不灭原则作为守恒原理可以得到一个具有可操作性的解释。

对柏拉图学派而言，空间作为一切事物的模型是永恒的，因此是一个可靠的量化标准。但当我们问到一块三角形的黄金是什么的时候，目前最安全的答案是：这是黄金，而不是叫它三角形。斯多葛学派强调空间和物体的区分，他们声称，物体不仅仅是数学延展，物质也不仅仅是几何。怀疑论者以大小、形状、阻力和重量作为物体的特性，其中前二者适用于作为几何延展的物体，后面两个属性使几何实体成为物质物体。在柏拉图和他的继任者的哲学中，最终毕达哥拉斯成分导致了物理学的几何化，以及物质和空间的形而上学等同，并因此通过测定它的体积或大小使物质的定量测定的理论成为可能。但之后科学的发展没有把它们作为质量概念的基础。另一个思路产生于中世纪初柏拉图学派与犹太教和基督教哲学的融合，它非常重视思想的本质精神和真实事物的非物质性质，并在后来的科学思想发展中，它成为唯物论的、实体哲学的基础。基督教徒们的努力表明所有的力量和生命的根源在于智慧和上帝，新柏拉图主义、犹太教和基督教哲学退化到对它无能为力，并在自发活动或"形式"的绝对缺乏的意义上赋予它"惯性"①。"惯性"在亚里士多德时期是一个中性的和中立的概念，在此成为匮乏和贬损的断定。但是，正是这个惯性概念随着经典力学在 17 世纪的兴起，并在随后逐步清除其贬损的情感内涵，成为物质的动力学行为的典型标准，并因此成为惯性质量概念的基础。

二、中世纪的"物质的量"

13 世纪"物质的量"概念的形成与关于物质的某些亚里士

----

① Max Jammer. Concepts of Mass：in Classical and Modern Physics [M]．Cambridge：Harvard University Press，1961，p. 18.

多德理论的经院哲学的修改密切相关。① 在亚里士多德和经院哲学的思想中，物质一般分成存在于本身和存在于他物。后者的存在范畴被称为"事件"，"事件"可以通过他物而存在或可能是他物的原因，后一种情形被称为"形式"。自然元素变化的过程是对立（元素）的互换，例如，当水变成气或气变成水，并且一个对立只有在他物已被摧毁之处才可以被恢复。因此，基质的存在必须当物质的基本元素的交换可以进行时才能被假定。这种基质构成有形物体，不被视为在其自身中完全无形，它是纯物质和形式的结合。这个具体形式一般被称为"有形形式"（forma corporalis）。因此，基本物质，即四种元素的共同基质，是初始物质和有形的形式。在亚里士多德看来，初始物质本身并不延展，然而基本物质，即元素的实体，自然地必须视为延展。那么，"有形形式"和"延展"之间的关系是什么呢？

阿维森纳（伊本·西那）将有形形式与初始物质的预设视为一体来假定空间延展或三维性。而根据安萨里（Algazel）的观点，有形形式是物质的凝聚或整体，它是构成物质三维性的唯一基础。对于阿威罗伊（伊本·鲁西德）而言，有形形式是不确定的三维性，例如，在三维空间中延展，但它不是变量和可测量的三维性，它的量通常是指"确定的三维性"。确定的维度是一个事件，能够被增加或减少；不定维度是一种形式，是物质的本质。在物质和天体的形式方面，阿威罗伊接受了亚里士多德的意见，认为存在的个体差异是由物质的形式决定的，同时补充了一点，即相同实体形式的不同对象的存在意味着物质的可分性。因此，独立于实体形式的初始物质，必须被赋予可分性或量。

关于有形形式的本性的争论对研究我们的主题十分重要。它

① Max Jammer. Concepts of Mass: in Classical and Modern Physics [M]. Cambridge: Harvard University Press, 1961, pp. 37－47.

是一个发现表征物质本质而又不同于空间延展的事物的普遍倾向的表达。其次，阿威罗伊不定维度的概念略加修改后，成为埃吉迪乌斯的物质的量定义中的一个重要因素，成为第一个质量概念的明确定义。最后，在对阿维森纳有形形式概念的驳斥中，阿威罗伊认为，根据阿维森纳的观点，实体已具有实际的形式，因此是一个实际的存在（没有进一步形式的增加），这是违背亚里士多德的形式理论的。关于有形形式的本性争论在动力学行为上设想了物质本质的可能性，虽然它的表述很不清晰，但从历史上看，它是最早的质量的一种动力学概念的表达。

　　神学推理和经院哲学的思考决定性地影响了科学概念的形成。对于物质和质量的概念，以下三个神学议题是重要的：创造、死亡和变体。它们对应物质的产生、毁灭和嬗变的自然哲学的问题。"物质不能被产生，也不能被消灭，因为一切的产生从物质中产生，一切的消亡消亡成物质"，这是物质守恒原理的一个经院哲学版本。关于死亡，物质守恒原理对肉体复活的信仰似乎常常提供一个合理的理由。2 世纪的一个基督教辩护者塔蒂安声称，虽然他的身体可能会被烧毁，但是宇宙仍然用灰烬的形式保留了他身体的物质。德尔图良在他写于公元 3 世纪初的论文《关于肉体的复活》中，从物质不灭推导出死亡肉体复活的可能性。

　　第三个神学议题，变体的教义。这里重要的是展示物质的量的想法如何来自对圣餐中面包的变体的概念分析。9 世纪由法兰克僧侣 Paschasius Radbertus 所写的关于圣餐的第一篇系统的论文《关于人体和神圣的血液》声称，面包和葡萄酒通过供奉变为救世主的身体和血液。从那时起，圣餐的哲学神学意义被逐渐澄清，有关概念被更准确地定义。经院哲学必须面对的问题是如何调和亚里士多德实体和事件的学说与变体的基督教教义的关系。因为根据教义，面包的全部实体变为基督的身体，而葡萄酒的全部实体变为基督的血液，而面包和酒的事件［"类"（species）］仍独自存在。托马斯·阿奎那试图采用阿威罗伊的确定与不定维度概念和原则来解决这个问题。他提出一个关键的问题，即"在圣餐中面包和葡萄酒的量维（dimensional quantity）是否是其他事件的主体（subject）?"他的答案是："除了量维以外，所有留在圣餐中的事件不是一个实体，但在面包和葡萄酒的量维中作为一个主体。"阿奎那对变体问题的解释引起了术语"事件"在使用中的一定松动和含糊，以及阿威罗伊的确定和不定维度之间区别的观点的混乱。

在《关于基督教会的定理》一书的命题 44 中，埃吉迪乌斯的出发点是圣餐主体中有关事件存在的托马斯主义的问题，尤其是关于凝聚和稀疏的问题。对埃吉迪乌斯而言，阿奎那将量（量维）视为对这些事件的主体的解决方案是不完全令人满意的，因为在凝聚的情况下（即密度上的明显增加），变化的仅仅是量本身，作为变化的量的量不能是作为维持变化的主体量的量的事件。一旦假设这不是正在讨论的同一个量，困难就会消失。换句话说，如果我们假设有两种不同类型的量，那么一种（如主体）能够维持另一种（如事件）的变化，且不涉及逻辑的不一致。双量理论就此解释了凝聚——即使缺乏实体——作为确定和不定维度的两个量之间的比例，前者对应于体积，后者对应的是后来被称为物质的量。

埃吉迪乌斯坚持不定维度的本体论优先，对他来说，是对圣餐面包凝聚或疏松的解释所必需的一种关系。不定维度作为确定维度的主体，或者以现代的术语来说，即质量（作为物质的量）是空间延展的载体。相比笛卡儿物理学，17 世纪的经典力学完全采纳了这一优先权，虽然基于不同的理由。牛顿物理学中的基本概念是质量粒子（没有空间延展），而不是没有质量的初级体积。埃吉迪乌斯的创新在于对物质的一个新的量方面的第一次明确定义，对质量概念的历史研究具有重要意义。

第三节　机械论与惯性定律

一、机械论与微粒论的兴起

从基督教神学和亚里士多德哲学的结合历史来讲，由于文献的原因，早期的基督教并未与古希腊哲学有太多关联。西罗马帝国灭亡之后，由于伊斯兰世界的快速扩张，亚里士多德哲学先是与伊斯兰教结合，直到 11 世纪他的文本才通过伊斯兰哲学家阿维森纳和阿威罗伊的评注而被重新引入西方基督教世界。由于教派和神学体系的原因，基督教内部分裂为两派，即以方济各会为代表的唯名论和以托马斯主义为代表的经院哲学唯实论。亚里士多德哲学经过与基督教神学漫长的冲突和融合，到 16 世纪，已经几乎为自然哲学领域内的所有工作提供了一个基本框架。然而同时，亚里士多德自然哲学的本质主义的解释世界的方式已经越来越不能满足寻求对世界作确定性解释的自然哲学家和数学家们。斯蒂芬·高克罗杰认为，机械论提供了一种更有竞争力的物质世界图景，这个图景提供了对这个世界以及我们处于世界中的位置的基本解释，"在开辟自身与基督教神学领域相互支持的领域这个方面，发挥了与亚里士多德哲学类似的作用"①。

现在，我们通常把英文 machnic 译为机械论或力学，现代物理学中也经常将机械论与力学相提并论，但从哲学史或科学史上作更严格细致的区分，机械论指的是主要由笛卡儿开创的阐述物理世界图景的一种世界观，而力学指的是以牛顿为代表的一种科

---

① ［英］斯蒂芬·高克罗杰. 科学文化的兴起：科学与现代化的塑造（1210—1685）（下）［M］. 罗晖，等译. 上海：上海交通大学出版社，2017：381.

学研究方式。就本质特性而言，力学是定量化科学，而前牛顿版本的机械论不是。"与亚里士多德哲学相比，学者传统上认定机械论的优点在于它致力于经验研究及物理现象的定量化。然而事实上，机械论本身在这两方面都毫无成果。"机械论是一种基于微粒论基础之上的还原论，"但是它的还原论，在机械论认定有必要的地方，可以借用本质主义的术语来辩护（例如，笛卡儿将'物质'解释为'物质的广延'来进行论述，并由此导出机械论）"①。

　　机械论是中世纪后期兴起的替代经院哲学中亚里士多德主义自然哲学的一个成功事件。从哲学史方面来看，它的兴起一方面来源于对冲力问题的解决和与之相应的神学上帝观，另一方面来源于古希腊原子论在中世纪后期的复兴。笛卡儿是一个新旧交替时期的哲学家，在试图运用几何和数学对世界作确定性描述的同时，也并没有完全放弃对物质世界作形而上学的解释。微粒论恰好成为笛卡儿机械论的形而上学基础。

　　微粒论在古代大致可以归纳为两种不同特性的派别，即同质性的微粒论和有质的差异的微粒论。在古希腊，有一种普遍的思想，它与赫拉克利特主张万物皆变的观点相反，认为我们所察觉到的一切变化都是基于某种永恒的东西，它代表着真实的实在。"然而，要想保持存在的不变性，就必须放弃单一性（或是质的，或是量的）。"② 微粒理论的提出就是这种思想的践行。第一种可以称为微粒理论的学说是恩培多克勒提出的"四根说"。这一学说主张，存在着四种有质的差异的基本元素，我们经验世界

----

① ［英］斯蒂芬·高克罗杰. 科学文化的兴起：科学与现代化的塑造（1210—1685）（下）［M］. 罗晖，等译. 上海：上海交通大学出版社，2017：380.

② ［荷］戴克斯特霍伊斯. 世界图景的机械化［M］. 张卜天，译. 长沙：湖南科学技术出版社，2010：14-15.

中的一切物质都是由它们构成的，我们在自然中感知到的所有变化，本质上都是这些元素微粒在爱与憎影响下的组合、分离和运动。这种学说的本质特征是，认为无生命自然中的一切变化过程实际上都是微粒或粒子的运动，它们无法被感知，在所有过程中一直保持实在和质上的不变。因此，"微粒理论"一词并未规定这些微粒彼此之间是否有质的差异，这种差异是有限还是无限多种的，相似的微粒是否在量上也必然相等；也没有说明它们能否继续分割下去，或者能否影响彼此的状态，如果能够影响，又以何种方式。① 之后，阿那克萨哥拉将拥有质的差异性的元素或微粒扩展到无限多种，并且这些微粒又可以被无限分割下去。

而对近代科学的发展有着极为深远影响的是保留了存在的质的统一性的留基伯和德谟克里特所提出的原子论。"原子论者将巴门尼德的存在之球（sphere of being）打碎，并把这些存在碎片撒入爱利亚派所说的非存在，即虚空中。就这样，他们为这种非存在指定了一种自身的存在性，而曾经唯一带有'存在'这一谓词的东西的碎片则保留了巴门尼德图景中整体所具有的质的均一性和不变性；不仅如此，它们现在还被赋予了运动。除了空间上的广延以及与之密切相关的不可入性，它们没有任何其他属性；它们是同一存在的碎片［这一存在无法被进一步规定，或可称为原始物质（primary matter）］，彼此之间的区别仅仅在于形状和大小。"根据原子论，"可见物体的所有实体变化或质的变化都被归结为这些假象微粒的运动，而不同物体之间的差异则被归结为原子的形状、大小、位置、排列和运动状态的差异"②。可见，古代原子论的提出是建立在存在的统一性和不变性这一学说的基础之上的，原子只是一种假想的微粒，原子论者凭借这种假

①　［荷］戴克斯特霍伊斯. 世界图景的机械化［M］. 张卜天，译. 长沙：湖南科学技术出版社，2010：15.

②　同上书，15.

想的微粒勾画出了宏伟的世界图景。这是与近代科学认为原子是真实存在之物的实体实在论完全不同的，但近代科学产生过程中的原子论继承了古代原子论的所有特性。它为近代物理学的机械化和量化奠定了基础。

亚里士多德将微粒定义为"自然最小质"，认为物质凭借这个概念被分解成最小部分。但亚里士多德并不认为这些最小部分是原子，因为当它们相结合以后不能产生新的物质，只是"异质的多个组成成分的混合物"。① 亚里士多德只是以拥有不同基本性质的最小单位来定义微粒，与其说是一种质料的最小单位，不如说只是一种形式的最小单位。

但是，相比有质的差异性的微粒论，德谟克里特的单一同质的原子论无法对事物的产生和变化提供"动力因"。在新柏拉图主义者的光的形而上学基础上，尼古拉斯·希尔认为主动本源与光一起构成自然的基础，并声称主动本源对原子的形成发挥作用，使得原子的形状不同，并构成从原子局域性的运动到事物的产生直至腐败这些自然现象的所有变化的基础。② 这是在保留原子的同质性前提下增加了更多的形而上学假设。

机械论的微粒论主要有三个特性。第一，机械论最明显的特征在于微粒的单一同质性，所有物理过程都必须最终涉及这种同质的物质，从而缩减了理论解释所需的资源。第二，因为所有定性效应必须依照"一种物质"的概念来进行解释，这就需要我们能够拓展同质物质理论所提供的解释性资源，例如假定微粒在大小、速度和运动方向上各不相同。第三，到 17 世纪，物质理论的基础性作用开始受到力学的挑战，自然哲学家们开始将运动

----

① ［英］斯蒂芬·高克罗杰．科学文化的兴起：科学与现代化的塑造（1210—1685）（下）［M］．罗晖，等译．上海：上海交通大学出版社，2017：386.

② 同上书，387.

作为基本的解释工具。机械论微粒论的兴起使新的力学和物质理论相容成为可能，或者说，以微粒论为基础的机械论在物质理论和力学两者之间架起了桥梁。单一同质的物质借鉴了力学的定量化方法而走向确定性研究道路，力学也继续从物质理论所提供的物理模型那里受益。①

古代微粒论的不同流派的观点到中世纪后期发展成为两种不同观点的微粒论。一种是以伽桑狄和牛顿为代表的微粒哲学，承认和强调虚空或绝对空间的存在，在物体的"不可穿透性"名义下强调微粒的不可分性，认为我们应该依照物质理论来解释微粒论，原子的形状和表面的细微结构在其中发挥了解释的作用。另一种观点是主要经过贝克曼和笛卡儿发展完善后的类型，以"物质＝空间"和"几何物理学"排除虚空存在的可能性，强调物质的无限可分性，认为我们应该主要依照力学来解释微粒论。②

在近古时代和中世纪，古代原子论被认为是一种无神论，是一种反基督教的理论。其关于"原子的数目无限与不朽"，以及"宇宙的无限广延和世界的多重性"的论断，对多神论、上帝创世说及上帝的无限性的否定，对无形物实在的否定，关于第一因的自然主义解释，对目的论的否定而主张决定论，以及快乐主义伦理学，这些都是其遭到谴责的地方。③ 从 15 世纪开始到 17 世纪，新教的兴起对原来天主教会的教义及其实践的合法性产生了质疑，他们试图通过回溯基督教的起源来揭示教会的合法性。从基督教前期就与原子论开始融合的柏拉图主义到后来的亚里士多

---

① ［英］斯蒂芬·高克罗杰. 科学文化的兴起: 科学与现代化的塑造 (1210—1685)（下）[M]. 罗晖, 等译. 上海: 上海交通大学出版社, 2017: 387.

② 同上书, 388.

③ 同上书, 394.

德学派甚至整个古代思想传统，都在这一时期被主张不同教义的教派所攻击，以亚里士多德主义为代表的经院哲学自然首当其冲。这时，曾被亚里士多德攻击的德谟克里特版本的原子论被作为古代传统的重要一支而重新受到关注。

伽桑狄是使这一转变成为现实的关键人物，他的目标是恢复原子论在古代自然哲学传统中早就有的重要地位。他论证了原子论才是最为可行的自然哲学系统，而不是亚里士多德哲学，其结果是使原子论成为基督教的合适伙伴。① 如果说当时的一些其他哲学家或神学家只是从某一方面去批判亚里士多德的自然哲学，那么伽桑狄则是试图用原子论作为基础来取代整个亚里士多德的知识体系。

伽桑狄是通过复兴伊壁鸠鲁主义达到他的目的的。② 不同于柏拉图和亚里士多德，伊壁鸠鲁认为"不变的真实"既不超越于我们当前这个可感知的世界而存在于理念中，也并非隐藏在我们当前所感知的世界中，而是存在于微观的层面中，这个微观的层面可以为我们理解这个可感知的世界提供一个参考点。在伊壁鸠鲁的世界中只存在原子和虚空。原子由物质构成，是充满着物质的空间。可感知实体是原子和虚空的混合物。原子具有不同的形状和大小，在没有受到任何阻碍的情况下会由于重量在虚空中向下运动。所有可感知的宏观层面上的物理过程都可以通过微观原子的形状、大小、重量和它的运动方向这四个概念来解释。

伊壁鸠鲁与德谟克里特的原子论都认为世界由原子和虚空构成，主张宏观物体是由原子组成的。他们的区别在于德谟克里特认为只有作为组成部分的原子是真实的，由它们所构成的物体并

---

① ［英］斯蒂芬·高克罗杰. 科学文化的兴起：科学与现代化的塑造（1210—1685）（下）［M］. 罗晖，等译. 上海：上海交通大学出版社，2017：394.

② 同上书，399–417.

不真实；伊壁鸠鲁则认为不仅原子的形状、大小、重量这些性质是真实的，而且由原子所组成的宏观物体以及它们的宏观性质同样是真实的，以此来满足存在物的感知标准。伊壁鸠鲁的原子论抵制了德谟克里特的彻底还原论，同时还抵制了柏拉图主义者的本质主义还原论以及亚里士多德的关于"变化的现实不能存在"的论断。

伽桑狄在采纳了伊壁鸠鲁主义的观点以后，需要为其原子论所主张的不可分性、唯物主义和决定论三种自然哲学的观点进行修正辩护。为了应对亚里士多德的不存在"没有部分的实体"，即不存在不可分割的最小微粒的观点，伽桑狄承认原子在理论上是可分的，但仍然认为它在物理上不可分割，主张在物理原子论和几何原子论之间存在着明显区别。他结合几何光学来解决点和线、连续量和非连续量之间的矛盾问题。伽桑狄并不关心如何利用数学对物理现象进行定量化研究，而仅是强调即使非连续量在数学中是不可能的，但也不能将这种数学的观点应用于物理实体的例子中。光学是近代科学产生之初遵循数学处理的最好例子，牛顿后来也是从光学的研究开始而后提出微粒论的。

伽桑狄本身是一位虔诚的基督徒，为了调和伊壁鸠鲁原子论的唯物论观点，他对伊壁鸠鲁的原子论做了部分修正。按照伊壁鸠鲁主义传统，人的灵魂由"特别精细的原子"，即精神原子构成。卢克莱修进一步将灵魂分为理性部分即阿尼玛斯和非理性部分即阿尼玛。阿尼玛斯位于躯体的胸部，代表古希腊哲学心灵的实体化；阿尼玛则充满躯体的全部，代表着古希腊灵魂概念的实体化。没有了精神原子，躯体就丧失了感知的能力，精神原子也不能脱离躯体以有意识的结合物而单独存在。伽桑狄在论述"可感知的心灵"概念时，最终剥夺了代表理性的阿尼玛斯概念的有形性，将其作为上帝创造的无形物。他说："理性的灵魂是上帝创造的无形物，上帝将其灌输到我们的躯体中，并作为一个告知躯体的形式。"伽桑狄将有形非理性灵魂阿尼玛视作无形理性灵魂与躯体之间的一种中介。同时，伽桑狄还批判了伊壁鸠鲁主义"没有恐惧的生活"的道德目标，重新定义了基督教关于恐惧、焦虑和悔改的观念。

伊壁鸠鲁原子论还有一个重要的缺陷，就是难以解决人的意志的行为问题。由于原子是有形的物质，它们之间唯一的互动方式就是碰撞，原子在无限的空间中运动和碰撞，其结果要么是完全的决定性（如果知道原子在诞生之初的排列方式），要么是完全的随机性。这样一来，人就无法解释自己的意图及行为的责任性。为此，伽桑狄将基督教的两个传统教义"上帝"和"自由意志"引入他修正的伊壁鸠鲁学说之中。他认为，原子被创造出来的那一刻就被赋予了不同的运动方式或性质，并且上帝设计和决定了宇宙的最终结构和宇宙中的每个事物的运行方式。也就是说，上帝为每个原子设计和规定好了它们的每一个目的和结果。同时，伽桑狄用理性灵魂或智识的"灵活性"来解释人的自由意志。

根据伽桑狄的观点，物体的物理行为其目的都是由上帝导向的。这种物体目标的外在导向性与亚里士多德关于物体自然行为的内在目标导向性是完全不同的。而这一点也正好是物质机械论形成所需要的一个关键因素。正是由于有了上帝的意志作为保障，原子才能够将自己仅仅作为纯粹的物质，按照上帝所设计的宇宙规则来运动。可以说，正是因为有了上帝，才保证了以原子论为基础的机械论的最初成功。冲力问题的解决也体现了同样的道理。自此以后，对于自然哲学的研究事实上就成为对上帝意志的研究。而自然哲学家们都倾向于相信上帝是一位理性的规则制定者，那么，研究自然的规律就是认识上帝意图的最好途径。但是，我们可以看到，伽桑狄的原子论还没有完成消除原子的个体性质的差别，使之达到完全惰性的同质概念这一目标，他也没有看到自然哲学与数学之间的联系。

　　与伽桑狄为了保护基督教教义的正统性而对原子论进行修正相比，霍布斯则毫不犹豫地推出了古代原子论所体现出来的唯物主义和决定论观点①。他们都在牛顿早期思想发展中起到了关键作用。霍布斯将神学和对上帝崇拜的教义排除在哲学之外，认为我们不能依靠"自然理性"来理解它们。他认为物质只具有同质性和惰性，否认了精神物质的存在，他的机械论体现了物质和运动自身的彻底还原论和决定论。在后来成熟的牛顿机械论中，物理世界是由物质、运动、空间和时间四个基本成分组成的，而在霍布斯的机械论体系中，只有物质和运动这两个概念。在他看来，物体自身就是完备的，并不需要"空间"这样的容器来容纳它。真正的空间是物体的有形性本身，空间是"物体的匮乏状态"。时间也并不真实存在，而仅仅是我们思维中的"现在"概念外推出来的概念。霍布斯持一种物质充满论，他认为物质不能被压缩或拉伸。也就是说，如果物质的量保持不变，那么物质存在着的区域不能变大或变小。这种物质的充盈论与笛卡儿的微粒论有相似之处。

　　为了解释物质的运动，霍布斯引入了"自然倾力"这个概念。"自然倾力"是作为运动的推动力的"欲望"，是使人的感官产生感觉的中介的压力，是作用于一个静止物体，并使其运动的重力或重量。他认为物体以重量的形式拥有自然倾力，我们可以将物体的下落看成是这个物体的自然倾力。但与笛卡儿不同，他并不认为没有运动的物体有自然倾力存在，如被举起而处于静止状态的物体。

　　与伽桑狄和霍布斯根据原子的不同性质来说明宏观物质及其

---

　　① ［英］斯蒂芬·高克罗杰. 科学文化的兴起：科学与现代化的塑造（1210—1685）（下）［M］. 罗晖，等译. 上海：上海交通大学出版社，2017：428–437.

运动不同，贝克曼和笛卡儿将他们的机械论模型及其所涉及的微粒理论建立在力学的考虑上。这种进路的主要特点是把经验与数学相结合起来。贝克曼遵循"自然哲学中的微观—力学进路"，致力于将微粒论与源于亚历山大时代的应用数学传统相结合。他的微粒论主要来源于诸如亚历山大城的黑罗（Hero of Alexandria）和古罗马的建筑师们的思想，而不是主要来源于伊壁鸠鲁和卢克莱修这样的哲学家的思想。①

贝克曼是第一位寻求用基于原子的力学原理模型来解释原子运动的自然哲学家。他将动力学方法应用于静力学和机械学理论等领域的研究中，这种动力学方法存在于物体的运动和趋势中，并且可以用于解释基本粒子和原子的行为②。贝克曼认为自然哲学的运行是依据一种实在的可以想象的事物与过程，而不是依照抽象的实体。他的原子只具有几何力学性质，如尺寸、形状和不可入性，它是坚硬的、不可压缩的、无弹性的纯粹惰性刚体。贝克曼一方面依据微观层次中各种微粒的形状、尺寸、结构和运动方式来重新描述所有自然现象，另一方面又基于宏观现象的力学原则来解释微观粒子的行为，将各种微粒的行为理解为简单的机械运行方式，最终达到将宏观层面上的现象还原成"微粒—力学模型"的方式来进行解释。

关于物体的运动与力的关系，他的观点是：一旦给予了一个物体运动，物体将保持匀速运动，除非受到外部阻力，才会改变运动状态。如果没有外部约束，物体的运动状态就没有改变的理由，而且一块被扔进虚空中的石头将永远维持匀速运动，因为没有什么因素可以导致其运动状态的改变。我们只需要借助于"运

---

① ［英］斯蒂芬·高克罗杰. 科学文化的兴起：科学与现代化的塑造（1210—1685）（下）［M］. 罗晖，等译. 上海：上海交通大学出版社，2017：419.

② 同上书，423－427.

动状态的改变"这一概念，就可以提出所有自然变化的原理。这也决定了力学的核心任务是提出物体碰撞的规则，并在原子层面详细说明运动交换的结果。贝克曼用微粒的数量和微粒的速度来测量计算微粒运动的量，并用"方向性、运动的量守恒"的隐含原理来调控运动的转移。

贝克曼的研究纲领中的多个方面都指引了后续的机械论者。然而对于极小—微粒层面上的被定量地描述的宏观现象，只有笛卡儿这一伟大的哲学家明确地为其寻找因果律的手段，"广泛地还原到微粒—力学模型"是在医药化学和炼金术的领域之外的所有的、随后的微粒论者的研究纲领的一个特征。而且微粒论者开始相信"微粒—机械模型正是自然哲学的定量化特征的具体化"，这种观点将会引导基础性的自然哲学项目，微粒论者也必须查明将被称为"终极的解释工具"究竟是什么。

伽桑狄、霍布斯和贝克曼的工作解释了两种不同但本质上平等的机械论纲领的两个层面。伽桑狄和霍布斯依据原子的特性对机械论需要解释的现象做了重新描述，以便更好地用机械论来探讨这些现象。贝克曼则主要关注机械过程，特别是对碰撞及碰撞产生结果的原因进行力学的解释，机械论将这些原因视为理论基础。正是笛卡儿将这两种工作以令人满意的方式相结合。他通过对构成机械论基础的微粒及微粒运动的描述，以及调节这些运动的原理做出更为完满的力学论述，提出了综合性的机械论的还原论体系。斯蒂芬·高克罗杰认为，机械论者对自然哲学中机械论体系的设计，在广义上是在实现亚里士多德自然哲学曾经试图去做但没有完成的使命，机械论体系实际上是亚里士多德哲学的继承者①。

为了把自然哲学作为一种合法实践的基本原理，笛卡儿试图

---

① ［英］斯蒂芬·高克罗杰. 科学文化的兴起：科学与现代化的塑造 (1210—1685)（下）［M］. 罗晖，等译. 上海：上海交通大学出版社，2017：440.

让物理世界和心灵分离。因为物理世界不能庇护我们视之为心灵特征的意图、目标、目的，也不能庇护来自上帝的意图、目标和目的。上帝没有内化于他所创造的万物中，而是超越他创造的万物，所以我们可以通过理念对物质、心灵和上帝进行"清晰和明确"的反思①。在"我们只能牢牢抓住我们能够清晰地和明确地感受到的事物"这一准则的基础上，笛卡儿认为我们可以通过物质的属性来区分物质，例如，将物质区分为思想的物质和广延的物质；也可以依据有形物质的"模式"来区分物质。他解释说："我们最好理解思想的诸多不同模式，诸如理解、想象、记忆、意愿等等，以及广延的不同模式或者那些与广延有关的模式，诸如各部分的全部状态、位置和运动，如果我们将它们视为仅仅就是模式，那么除此之外再没有别的东西了。"模式通过物质的属性与物质发生联系：广延是有形物质的主要属性，有形物质的模式是物质得以广延的方式。因此，当我们试图去解释物体的运动时，我们只需要考虑它仅仅是某个物质的一个模式，而不需要考虑导致其运动的原因。这是惯性运动的一个假设前提，也是机械论的一个关键出发点，它与亚里士多德的目的论程序正好相反，而且伽利略也早就将运动作为一个独立的而非依附于物质的概念加以研究。

通过对亚里士多德"位置"和"空间"概念的改造，笛卡儿否定了空间的方向性，将空间等同于物质的广延，即物体本身，同时，"运动"与"静止"一样，被视为一个物体的不同状态或模式。由于将空间等同于物质的广延，决定了笛卡儿的宇宙是一个充盈的空间。笛卡儿把他的宇宙假设归于上帝。物质具有同质性和可分性，上帝把物质分为不同大小的部分，宇宙中的总

---

① ［英］斯蒂芬·高克罗杰. 科学文化的兴起：科学与现代化的塑造(1210—1685) (下) ［M］. 罗晖, 等译. 上海：上海交通大学出版社, 2017：442 – 443.

物质是守恒的，上帝给每一部分物质施加同样的力量使其开始运动，因此从此以后运动的量也是守恒的。根据物质微粒或元素的大小，笛卡儿把物质分为三类：第一种为精细微粒，也称为初级物质，它极为精细且做高速运动；第二种为球状微粒，也称为次级物质或天界微粒，它形成巨大的漩涡，驱使精细微粒朝中心运动聚集并最终形成恒星，因此每颗恒星都被一个次级微粒的漩涡环绕；第三类是由体积最大的最粗糙的物质部分组成的，它们构成地球和其他诸行星。运动的总量守恒，物质之间运动的量的传递和转换遵循碰撞原理。由于物质的同质性，因此物体所拥有的运动的量取决于物体的大小和速度的乘积。笛卡儿所使用的物理学概念及其解释原则完全是机械论的，虽然他的表述中并没有出现"力"这个后来在牛顿理论体系中占有重要地位的概念。"机械论"这一概念的含义也随着之后牛顿力学的产生而不断变化。

笛卡儿的机械论宇宙论体系的重要之处在于，它提供了一个完备的可以替代亚里士多德宇宙论体系的物理宇宙论体系，它是第一个机械论的自然哲学的综合体系，但是笛卡儿并没有达到他原本设想的定量化的自然哲学或者说数学物理的目标。虽然笛卡儿对碰撞原理做了详细认真的研究（且不论正确与否），但他并不能对这些数目巨大的不同大小的物质所拥有的运动的量进行确切的定量化，而没有这些定量化，他所建构的宇宙论就只能是一种假设的定性描述，他所追求的数学化理想目标就不能实现。我们随后可以看到，牛顿是如何引入力的概念，并把力学与物质理论融为一体，最终实现对物质的定量化的数学研究的。

二、惯性定律的产生及其哲学思想基础

惯性定律的产生取决于其背后一系列自然观、宇宙观及形而上学基础的转变。伽利略实现了运动的独立和其相对性，使运动有了自我保持的可能。笛卡儿实现了古代有限宇宙的解体和空间

的几何化，把运动作为与空间平等的状态存在，使直线运动取代了圆周运动的特权地位。牛顿综合了柏拉图的数学实在论和古代原子论，使惯性原理作为一个建立在可靠形而上学基础上的数学化物理学定律出现。

（一）古代自然哲学中惯性问题的起源

抛射体问题一直是亚里士多德动力学中最有争议的一个论题。亚里士多德借助周围介质的反作用来解释物体脱离施动者后的抛射体运动。贝内代蒂发展出一种冲力物理学，否定了介质的推动作用，认为冲力由施动者传递给运动物体并影响物体运动。布里丹把冲力视为一种自我维持的力量，它不会自行耗尽，从而把空气对物体的外在推动力转变为存在于物体之中的一种内在推动力。如果这个冲力在运动物体中永远保持下去，那么冲力物理学无疑就导出了惯性定律。这正是以迪昂为代表的巴黎学者所得到的观点，并将之作为把近代早期科学的诞生从 17 世纪提前到 14 世纪的重要论证。迈尔在其讨论冲力和惯性问题的论文中，反驳了将近代科学诞生提前这一结论，论述了布里丹的冲力会被破坏而不会导出物体的惯性运动；但他却没有否认伽利略是在试图对这一现象的解释中被引向惯性定律的，他还把世界观的转变作为这一偶然发现的结果。① 而科瓦雷指出，在伽利略的《论运动》中曾明确提出冲力具有一种本质上无法持久的特性，会在运动过程中逐渐耗尽，因此伽利略不可能通过冲力物理学导出惯性原理；科瓦雷不认为近代物理学是中世纪物理学的延续，更不同意将世界观的转变放在惯性定律的发现之后，而应恰恰相反。②

----

① ［荷］H. 弗洛里斯·科恩. 科学革命的编史学研究［M］. 张卜天，译. 长沙：湖南科学技术出版社，2012：76.

② ［法］亚历山大·科瓦雷. 伽利略研究［M］. 刘胜利，译. 北京：北京大学出版社，2008：6.

虽然抛射体问题在一定程度上确实为发现惯性定律提供了某些思路，但要想单单从这种地界运动现象中得到这个原理还远远不够。近代物理学的实质性开创始于天穹，它是在对哥白尼天文学提出的各种物理学问题进行不断的质疑和论证的过程中逐渐发展起来的。对于地球处于宇宙的中心并保持静止不动，亚里士多德早就有一个充分的天文学理由，即当时所观察到的所有恒星的视觉运动都与这一结论相一致。哥白尼通过引入运动的视觉相对性来解决这一问题。另外的一个物理学质疑是，如果地球是作为一颗行星在绕太阳做周年运动同时自身做高速周日旋转的话，那么一个显然的结果就是这种高速运动所产生的分裂性的离心力将使地球和地面上的物体四散分裂。对此，哥白尼反驳说，地球的圆周运动是一种自然运动，自然运动具有不会摧毁运动物体自身的本性，地球上的物体也分享这一本性，因此地球不会分崩离析。但对亚里士多德主义者来说，只有没有重量的天界才能根据它们的自然运动的本性旋转，而不受离心力的影响，地球的运动应视为受迫运动。可以看到，哥白尼用到的概念依然属于旧式哲学的范畴，他曾经试图将原本只适用于天穹的观念拓展到地球，但并未获得成功。

中世纪的冲力观念和哥白尼的地动学说本身还处于古代自然哲学的范围，但它们在物理学和天文学上与当时占主导地位的亚里士多德主义的冲突给新的科学的形而上学基础和宇宙论的产生打开了一个突破口。

（二）运动作为独立实体的确立

惯性定律的关键之处在于运动状态的自我保持。这里涉及运动、状态以及运动状态的自我保持几个概念问题。运动概念最早是同变化联系在一起的。古希腊哲学家把自然界看作是一个活的世界，一个自我运动着的事物的世界，"一个不是由惯性而是由自发运动为其特征的世界"①。运动作为一种目的论观念下的事物的自然变化过程，其变化的原因是活的事物本身。这里的"运动"不是一个原初独立的概念，而是从属于自然事物的一种特性，没有自然就不会有运动。亚里士多德在《物理学》中把"运动"定义为："运动就是潜能作为潜能的现实化。"潜能和现实是起点和终点，运动是联系它们的桥梁，是未完成的现实化。"运动和变化并不是存在来自非存在，而只是存在方式的改变，即从潜能存在过渡到现实存在。""运动作为潜能的现实化，本身并不属于存在范畴，因为它不是存在，而是生成。"② 可见，亚氏的"运动"也不是一个原初的概念，而是相对于其他范畴的状态的变化过程，但运动本身并不是一种状态。亚里士多德把"运动"分为质的运动、量的运动和位置运动，认为位置运动是最基本和最重要的运动，同时把力看作是运动的原因。

此后，亚里士多德的评注者阿威罗伊对运动的本性提出了两种观点：一种观点认为运动与运动所取趋向的目标属于同一个范畴，二者只有实现程度的差别而没有本质区别；另一种观点认为运动作为过程与它所趋向的目标是不同的，运动本身就是一个范畴。经院哲学家大阿尔伯特根据阿威罗伊的观点提出了"流动的形式"和"形式的流动"的区分，前者将运动等同于质、量或位置范畴的偶性，后者则将运动视为不同于以上范畴的另一独立范畴。③ 大阿尔伯特持前一种解决方案，他的解答被中世纪后期经院学者普遍接受。依此，要理解位置运动，只需要假定运动者及其在每一瞬间占据的位置就可以了。与之不同，布里丹认为运

---

① ［英］柯林伍德. 自然的观念 [M]. 吴国盛，译. 北京：北京大学出版社，2006：98.

② 张卜天. 质的量化与运动的量化 [M]. 北京：北京大学出版社，2010：61－62.

③ 同上书，70.

动是内在于运动物体的一种与质类似的属性，无法归结为其他范畴，只能就运动物体的自身特性来断定。冲力物理学正是基于这样一种对运动本性的看法。这种观点被 14 世纪后半叶的自然哲学家所接受。[①] 总之，不论是把运动作为三种范畴的偶性还是作为运动物体的附加属性，运动都不是一个独立的概念，而仅是物体变化的过程。

伽利略正是处于这样的经院哲学和自然哲学共存的时代背景中。在早期的著作中，他曾试图将亚里士多德式的动力学和以冲力观念为基础的物理学数学化，但均遭失败。伽利略是一位执着的柏拉图主义者，他最终放弃了对无法量化的原因的寻求，即放弃了对力或冲力概念本身的寻求，不再尝试对运动进行因果解释，而是直接关注运动本身，找到对运动进行符合某一数学定律的描述。（至于我们现在还在使用的"冲力"一语，其含义已经由运动的原因变为运动的效果。）这样，运动便从各种混杂的古代观念中分离抽象了出来，获得了独立的实体地位，"而当运动被提升至独立实体的行列时，它就完全能够无定限地保持下去"。[②]

在伽利略的时代，物理学和宇宙论是紧密关联的，都属于哲学的一部分。惯性现象之所以对伽利略如此重要，是因为它在对哥白尼学说的辩护中发挥了重要作用。在捍卫地球自转的物理实在性的论证中，由于不可能通过地球上的观测直接得到结论，伽利略运用了运动的相对性原理，即"如果整个系统做共同运动，

---

① ［美］戴维·林德伯格. 西方科学的起源[M]. 张卜天，译. 长沙：湖南科学技术出版社，2013：329.

② ［法］亚历山大·科瓦雷. 伽利略研究[M]. 刘胜利，译. 北京：北京大学出版社，2008：112.

那么物体相对于彼此的运动现象并不发生改变"。① 伽利略运用此原理反驳了支持地球静止的三个著名例子。一是让一个石块从塔顶自由下落，石块落在塔底，伽利略的解释是由于石块和塔参与了地球的同一运动，所以对它们来说，地球的这个运动就像不存在一样。不仅运动自身具有独立性，而且不同的运动还有其各自的独立性和相容性。二是在一艘高速行驶的船上，让一个石块从桅杆顶端自由下落，如果石块落在与船静止时落的同一地点，那么第谷的这个论证就同第一个例子一样无法得到支持或反对地球运动的结论。第谷的这个论证把地球与船类比，已经不小心暗含了天界和地界定律的等同。第三个是炮弹论证，即向西和向东发射的炮弹具有不同的射程，但根据相对性原理，地球运动不会对炮弹造成影响，因此它们的射程应该相同。"如果运动对于其参与者来说完全无法觉察，那么就由此可得，地球的运动对于发生在地球上的现象不会产生任何影响。用近代的术语来说，这就意味着赋予了所有运动，尤其是赋予了圆周运动某些惯性运动的特征。"② 哥白尼的物体分享地球的本性的观点在伽利略这里变成了运动的惯性。

上述这些论证很容易通过实验被检验，但我们在伽利略的著作中看到，他并没有这样做，甚至宣称实验是无用的。伽利略并不认为感官能使我们直接把握实在，同所谓的自由落体实验和光滑斜面实验一样，他所承认的物理实在是一种理想的实在，只能通过理性来把握，并通过数学来表达。使柏拉图的数学实在在物理学中取得主导地位，是伽利略对近代科学最大的贡献。他通过假想的光滑斜面实验得到水平运动的永恒持续性原理，即伽利略

---

① [荷] 戴克斯特霍伊斯. 世界图景的机械化 [M]. 张卜天，译. 长沙：湖南科学技术出版社，2010：387.

② [法] 亚历山大·科瓦雷. 伽利略研究 [M]. 刘胜利，译. 北京：北京大学出版社，2008：252.

的惯性原理。不过由于在宇宙的有限性和对物体本性的理解上还部分囿于亚里士多德主义的世界观，伽利略的物体都是重物，因此他的真实的水平面是沿地球的球面而不是直面。这个转变随着在他之后的世界观的变化而得以实现。

（三）宇宙的解体到空间的几何化

亚里士多德的运动理论建立在他的位置理论基础之上，位置理论则建立在其宇宙观念之上。他的宇宙是一个静态的秩序井然的有限整体，每一个物体在其中都拥有与其本性相一致的自然位置，不同本性的差别通过空间的排列来表达。在亚氏的理论中，物体不是一种自我存在，一个物体要实现其本性就要回到其自然的位置上，自然运动就是描述物体回到其自然位置的过程；相反，迫使物体离开自己自然位置的运动称为受迫运动。这样，如果物体处于其自然位置而不被驱赶，那么它们便会静止并一直呆在那里。静止不需要解释，它是物体存在的状态，与运动有着完全不同的地位。另外，在亚里士多德分层次的宇宙中，天界和地界由不同物质组成，遵循不同的定律。天球做自然的均匀圆周运动，地界的运动来自外层天球的带动，地球则静止地处于其自然位置，即宇宙的中心。所以，亚氏的自然运动理论对地球上的物体而言就是"重"物的向下运动和"轻"物的向上运动，对天球而言则是均匀的圆周运动。

伽利略在对落体问题的研究中取消了作为物体绝对性质的轻性和重性的区别，把重性作为物体的唯一性质，同时，他还取消了天与地的物质性差异，使得它们遵循相同的物理学和天文学定律。他虽然取消了亚里士多德的多个自然位置，但还保留了唯一一个自然位置，即世界的中心。因此，自然运动和受迫运动的区分依旧保留，只是伽利略讲的自然运动指的是重物趋向这个中心的自由落体运动和围绕这个中心的匀速圆周运动。他的惯性原理中具有永恒持续性的正是这种圆周运动。伽利略无等级的宇宙球体观已如此接近均匀同质的无限几何空间，只要让它变得无限大，但他没有跨越这个界限①。这也在一定程度上反映了伽利略对经验主义的批判还不够彻底，或者说对柏拉图主义的坚持还不够彻底。只有实现了空间的无限几何化，物体的自然位置概念被取消，自然运动和受迫运动的区别才会消失，作为自然运动的圆周运动的特权地位才会被打破。

历史上，原子论一直是与无限宇宙和虚空联系在一起的，在原子论的宇宙中，没有特殊的物体也没有特殊的位置。伽利略的运动相对性原理解决了哥白尼天文学中地球及其上物体的运动问题，而原子论的复兴及其与哥白尼主义的融合，则构成了新科学所需要的新哲学的基础。伽利略在其著作中已经显示了原子论的思想，但他还没有把它构造成一种普遍的哲学体系。笛卡儿是第一个把这两者完美结合起来的人，也是近代第一个提出了在普遍性上与亚里士多德体系相匹敌的自然解释体系的人。他假设微粒在虚空中自由运动，然后与其他微粒碰撞而改变运动，由于微粒是无限多的，最终填满整个空间，世界就是由这个充实的空间（即广延）和运动构成的。空间不会发生变化，运动一旦被创造出来，运动的量就不会发生变化。笛卡儿的运动观具有一种纯粹可理解的本质，它出现在所有其他物质的本质之前，是纯粹几何学的运动②。同静止一样，它们都是一种性质或状态，具有相同的本体论地位。这种运动的维持和无限延续是不需要原因的。伽利略是开了对运动原因的寻求，而笛卡儿的运动观根本就不需要解释，它是由上帝直接创造出来并保持在存在之中，碰撞是运动在物质之间交流的唯一途径。

对于束缚伽利略的重性，在这里已不再是物质的本质属性，

---

① ［法］亚历山大·科瓦雷. 伽利略研究［M］. 刘胜利，译. 北京：北京大学出版社，2008：82.

② 同上书，374.

也不是开普勒所设想的磁力吸引的某种表现,而是物体被围绕地球做涡旋运动的大量微粒推向地球的结果。不把重性作为使物体做圆周运动的原因,而是相反把它作为一种运动的现象。这样,需要解释的恰恰是圆周运动,而不是匀速直线运动,正是笛卡儿第一次提出将离心力用于解释天体的圆周运动。"匀速直线运动是自然状态,因此不需要原因的解释。"① 从此,圆周运动的特权地位让位于直线运动。此外,他说的在虚空中自由运动指的就是以不变的速度沿直线运动,虚空是匀速直线运动可能发生的唯一地方,而笛卡儿的虚空只是上帝创世之初的一个假设,真实的空间是一个充实体。因此,对笛卡儿而言,存在于虚空中的匀速直线运动只是一种理想的状态,是现实中运动的一种倾向,我们称之为笛卡儿惯性原理,即其《论运动》中的第一条自然规则:只要与其他物质的碰撞不迫使其改变自己的状态,那么物质的每一部分总会继续保持其原来的状态。这是上帝使自然开始运作的第一条原则。

笛卡儿试图从最简单、最容易的观念来重构并发展他的物理学,广延和运动就是这样的观念。对他而言,同质均匀的物质只不过是广延,而广延代表彻底几何化的空间。笛卡儿的宇宙是几何学的实在化。把物质等同于连续的充实的几何空间,"所有事物之间都相互依赖,所有事物之间都瞬时地相互作用。人们无法孤立出任何现象,从而无法提出任何数学形式的简单定律"②。笛卡儿的物理学最终淹没在其混杂的几何实在中,没有实现数学化,只实现了对世界的哲学的解释。笛卡儿的哲学是纯机械论的,他完成了宇宙的解体和空间的几何化,奠定了新本体论的框

----

① Robert Cummins. States, Causes, And the Law of Inertia [J]. Philosophical Studies, 1976 (29), pp. 21 – 36.

② [法] 亚历山大·科瓦雷. 伽利略研究 [M]. 刘胜利, 译. 北京: 北京大学出版社, 2008: 152.

架，使近代科学前进了一大步。要使这样一种无限的充实的几何空间实现数学化，牛顿还要分辨剔除导致笛卡儿失败的部分，创造另一套新的形而上学基础来达到他的目的。

（四）近代科学形而上学基础的完成

近代科学用一个存在的世界取代了一个生成的世界，用机械论的自然观代替了目的论的自然观。"机械论的自然概念抛弃了活的要素，而这样一种主张就意味着，作为一种自然哲学，机械论哲学的生命力依赖于惯性原理。"① 惯性这一术语是由开普勒首次提出的。开普勒在其《宇宙谐和论》中写道："惯性，或对运动的阻力是物质的一种特性。""如果天体不赋有类似于重量的惯性，要使它运动就不需要力。"开普勒所讲的惯性是指重物对于运动的抗拒，它将亚里士多德借助于介质对物体的外部阻碍转变为物质本身的内部阻碍，惯性作为物质的一种普遍属性，是使物体静止的原因，而对于运动的存在和持续，他还需要寻找原因。牛顿在《自然哲学的数学原理》（后文简称《原理》）第二版的一个注释中曾写道："我所理解的惯性力不是开普勒的那种使物体趋于静止的力，而是一个物体不管是在静止还是在运动状态中都保持的力。"② 如果说开普勒所讲的惯性意指对运动或速度的反抗，那么牛顿的惯性则意指对运动状态的改变或加速度的反抗。

从牛顿大学时期的笔记中可以看到，他年轻时接受了笛卡儿、伽桑狄、霍布斯、波义耳等人的机械论哲学原子论的优

---

① [美]韦斯特福尔. 近代科学的建构：机械论与力学[M]. 彭万华，译. 上海：复旦大学出版社，2000：34.

② [法]亚历山大·科瓦雷. 牛顿研究[M]. 张卜天，译. 北京：北京大学出版社，2003：82.

点①。他最早对光学的研究就是以"以太"作为基本假设的，他的"以太"是一种由微小粒子组成的充满整个空间的流体，"以太"密度的改变影响光粒子穿过它的方向。"以太"假说充分体现了笛卡儿机械论自然哲学的基本特征。但在对气体、热以及化学反应中亲和力等现象的解释中，这种机械论碰到了困难，因此之后牛顿放弃了这种纯机械论的解释，用微粒之间的作用力代替了"以太"假说。牛顿机械论与笛卡儿的不同之处在于他用可以超距作用的力替代了笛卡儿的接触碰撞概念。"通过在物质和运动的基础上加上一个新的范畴——力，牛顿使数学力学和机械论哲学彼此协调。"②牛顿三条定律的第一条给出了惯性定律的最终表述："每个物体都保持其静止状态或沿直线做匀速运动的状态，除非有施加的力迫使其改变这种状态。"牛顿的惯性定律在运动状态的保持上与笛卡儿有相同的形式，只是他用力的概念取代了笛卡儿的碰撞论。

将物质、广延和空间等同导致了笛卡儿的失败，牛顿重新区分了物质与空间，把古代原子论者的虚空还给了空间，物质则由彼此分离的坚硬的和不变的粒子构成，并把质量作为描述物体基本属性的物理量，而重力表现为质量之间的相互吸引。空间不是与物质相关联的存在，空间中一无所有，它本身就是存在。在这个绝对空间中，一切物体在它之中都有位置，惯性运动就是相对于这个绝对空间的匀速直线运动。物质和绝对空间，再加上运动，就构成了牛顿的世界。惯性定律作为牛顿力学的第一原则，继承了伽利略把物理实在建立在理性基础上这一原则。"我们不能做一个实验来证明这个定律，因此我们不能知道它是否正确。

---

① ［美］韦斯特福尔．近代科学的建构：机械论与力学［M］．彭万华，译．上海：复旦大学出版社，2000：149.

② 同上书，152.

另一方面，我们知道建立在它基础上的科学是成功的。"① 牛顿成功地综合了柏拉图的数学实在论和古代原子论，引力使地界物理学与天体物理学在数学上得到统一，笛卡儿几何空间的数学化得以实现。惯性定律也第一次作为一个建立在可靠形而上学基础上的数学化物理学的第一定律出现。

在惯性定律建立的过程中，主要经历了亚里士多德、笛卡儿和牛顿三种范式或者说世界观的转变，我们最后把它们总结一下：亚里士多德的运动是物体自我实现的一种过程，笛卡儿的运动与物体无关，运动就是运动它本身；亚里士多德是用物体来规定空间位置，笛卡儿把物体和空间等同，牛顿则把空间绝对化，物体的位置是处于空间中的位置；亚里士多德的力是物体运动的原因，笛卡儿把碰撞作为物体运动改变的作用方式，把力作为一种机械作用的现象来解释，牛顿则恢复了力的概念，并用引力解释了重性，但他的力是使运动变化的原因。物理学经历了从动力学到运动学又回归到动力学的过程。

第四节　牛顿物理学的定量化

不论是在亚里士多德的自然哲学体系，还是在笛卡儿等人的新的自然哲学中，物质理论都是其形而上学体系中的理论基础。而如何通过物质的定量化把数学与自然哲学或物理学真正结合在一起，是使机械论及其宇宙论成为一个具有确定性解释力的切实可行的方案的关键一步。在前面关于微粒论与机械论的内容中我们可以看到，相比之前的自然哲学家，贝克曼、霍布斯和笛卡儿等人已经开始在微粒论的基础上把物质的属性规定在体积、重

---

① Ricardo Lopes Coelho. The Law of Inertia: How Understanding its History can Improve Physics Teaching [J]. Science & Education, 2007 (16), pp. 955 – 974.

量、速度等这样的定量化属性之上，但由于他们无法将细小微粒的理想模型转移到宏观的经验层次之中，因此没有最终完成自然哲学的定量化目标。

亚里士多德依据其探讨的主题不同将知识分为不同的类型，分别为形而上学、物理学和数学。形而上学研究的是不变且独立存在的事物，物理学研究可独立存在和可变化的物质，数学则是研究不变且不独立存在的对象。① 数学的对象是定量化的抽象概念，例如，具有不连续值的数和具有连续值的几何图形。因此在亚里士多德的自然哲学体系中，物理学与数学是处理明显不同的两类事物的方法，自然实体的物质性是无法用定量化的数学方法来进行的。②

在古代，机械论或力学是一种研究非自然的人工制造装置的学科。亚里士多德说："物理学既非实用之学，亦非制造之学。凡物之被制造，其原理皆出于制造者。"③ 因此力学不属于自然哲学的范畴，它使用数学但不完全是数学，它研究物质现象但又不完全是物理学，通常将之归于实用数学的领域。传统的实用数学包括几何光学、天文学、声学和静力学，经过长期发展，静力学成为古代唯一一个得到全面具体发展的实用数学领域的学科。④ 我们现在所说的牛顿力学主要指的是他创立的动力学，动

----

① ［古希腊］亚里士多德. 形而上学［M］. 吴寿彭，译. 北京：商务印书馆，1996：119.

② ［英］斯蒂芬·高克罗杰. 科学文化的兴起：科学与现代化的塑造（1210—1685）（下）［M］. 罗晖，等译. 上海：上海交通大学出版社，2017：605.

③ ［古希腊］亚里士多德. 形而上学［M］. 吴寿彭，译. 北京：商务印书馆，1996：119.

④ ［英］斯蒂芬·高克罗杰. 科学文化的兴起：科学与现代化的塑造（1210—1685）（下）［M］. 罗晖，等译. 上海：上海交通大学出版社，2017：608.

力学探讨力和运动之间的关系。在这之前，力学经历了静力学和运动学两个阶段，静力学只研究力，研究处于平衡状态中的物体的力学原理；运动学不探讨力而是只研究物体的运动。静力学是以精确的几何学和定量化的方式来研究物体平衡力学的一种标准模式，它也是后来伽利略研究运动学和笛卡儿研究光学及宇宙论所效仿的模型。惯性定律是运动学和静力学向动力学过渡的关键环节。我们已经在前面关于惯性定律的哲学基础一节中论证了运动的定量化。

牛顿关于物质与空间理论的思想受到摩尔对笛卡儿物质与灵魂二元论的批判的影响。对于笛卡儿将空间或广延与物质等同的观点，摩尔从两个方面进行了批判。① 第一，摩尔认为，笛卡儿通过把广延还原为仅仅是物质而不是精神的本质属性来限制了广延在本体论上的价值和重要性。广延是存在的属性，是所有真实存在的必要前提，包括物质实体和精神实体的存在，不应将存在分为广延的物质和非广延的精神两种实体。灵魂虽然无形，也要被广延，即使是上帝也要被广延，否则上帝如何做到无所不在地占据整个世界并将运动传递给物质。第二，摩尔认为，笛卡儿没有认识清楚物质和空间的各自特殊属性，因而误解了它们的本质区别和根本联系。物质在空间中运动，并因其不可穿透性而占据空间，空间是不动的而且不受其中有无物质的影响。因为既然物质是可被感知的，那么就应该以它与感官的关系，如不可入性来定义物质。而灵魂作为一种无形的精神实体，虽然可以被广延，但是它是可穿透且不可被触知的。② 因此，没有空间的物质是不

---

① ［法］亚历山大·柯瓦雷. 从封闭世界到无限宇宙［M］. 邬波涛，等译. 北京：北京大学出版社，2003：105.

② ［英］斯蒂芬·高克罗苏. 科学文化的兴起：科学与现代化的塑造（1210—1685）（下）［M］. 罗晖，等译. 上海：上海交通大学出版社，2017：663.

可想象的，而没有物质的空间也是不存在的。摩尔将笛卡儿的物质广延概念分离为物质和空间两个概念，但纯粹空间并不是独立存在的实体，它仅是作为物质实体和精神实体存在的广延属性。对于重力现象，摩尔同笛卡儿一样并没有把重力当作是物体的本质属性，但也没有像笛卡儿那样以机械的方式解释重力，而是把磁力和重力作为非机械力，认为其产生的原因是"宇宙精神"。①

属性意味着实体的存在，对摩尔而言，空间是非物质的，它是一种特殊的神的灵魂的弥漫性，是一种神的属性。摩尔和笛卡儿在将空间或广延作为属性这一点上是一致的，这不同于古代原子论把虚空看作是完全真实的实体。笛卡儿否定了虚空和精神广延，实际上也就从他的世界中排除了精神、灵魂甚至上帝。尽管笛卡儿已经有关于上帝存在的先天证明，但他的宇宙论和物理学却将上帝从这个世界中驱逐了出去，这样就等同于无神论和唯物论。②"总的来说，笛卡儿为支撑广延而寻找实体是正确的。但他错误地将物质当作实体，那个包含并渗透于一切事物中的无限广延物实际上是实体，但它不是物质。它是大写的精神；而且不仅仅是一个精神，而是唯一的精神，即上帝。"③ 这样的空间实体已经接近了牛顿的绝对空间概念，它是无限的、不动的、同质的、不可分的和唯一的。这些属性使不同的哲学家能够将广延放置于他们各自的上帝之中。甚至后来当代物理学中场论的兴起，也可以与这样一种广延观念相调和。

基于不同的空间观和物质观，对于笛卡儿来说，运动只是地

---

① ［英］斯蒂芬·高克罗杰. 科学文化的兴起：科学与现代化的塑造（1210—1685）（下）［M］. 罗晖，等译. 上海：上海交通大学出版社，2017：664.

② ［法］亚历山大·柯瓦雷. 从封闭世界到无限宇宙［M］. 邬波涛，等译. 北京：北京大学出版社，2003：113.

③ 同上书，120.

点的改变，对于牛顿来说则恰好相反，地点的改变只是运动的结果。笛卡儿的物质运动来源于外部（上帝和碰撞），牛顿则认为运动本身需要被解释为物体内部的因素。这里暗含的前提是牛顿已经将物质从空间中分离出来，并使之作为运动的主体，空间则"就其本性而言，是与外界任何事物无关而永远是相同的和不动的"。关于物体所占空间的绝对处所与相对处所，牛顿说道："处所是物体所占空间的一部分，跟空间一样，它也有绝对与相对之分。我说的是空间部分，而不是物体的位置，也不是其外部的表面。……确切地说，位置本身并无数量可言；它们不是处所本身，而是处所的属性……整个物体的处所也就与其各部分的所处之和相同，由于这个原因，所处是内在的，并在整个物体之内。"① 处所内在于物体，运动是物体变换其处所的过程。绝对运动是相对于绝对空间的运动，能把绝对运动与相对运动区分开来的原因，是加之于物体而使之运动的力。"只有当力作用于运动物体之上时，真正的运动才能发生或者有所改变；但就相对于运动而言，则没有力作用于物体上也能发生或有所改变；因为只要施力于这物体以之为比较的其他物体之上，那么由于那些物体的运动，就是以改变这物体所处的相对静止或者运动的状态。"② 力是运动和静止的原因，"要么是来自物体外部的力产生破坏或改变物体的运动状态；要么是物体内部的力使之保持现有的运动状态或维持自身状态并抵消阻力。"物体内部的力或者物体固有之力指的即是物体的惯性力，"为避免其被外力轻易改变，物体本身的力"。

----

① ［英］牛顿. 自然哲学的数学原理[M]. 赵振江，译. 北京：商务印书馆，2017：8.

② 同上书，11.

总的来说，可以把牛顿关于物质惯性的问题研究分为三个阶段。① 在第一个阶段，牛顿提出一个物体保持匀速直线运动时需要固有力，即惯性。这个固有力也可以是反制使物体运动发生变化的力。在第二个阶段，牛顿考虑到匀速直线运动和静止运动在动力学上是可区分的这一事实，认为在静止运动和匀速直线运动间应引入力的均势性。对于这一问题，他把固有力作为匀速直线运动和静止运动的维持力。第三阶段，他意识到运动和静止的维持力"以及"阻碍状态改变的力是不同的，确定后者所受的力是固有力，那么前者就不受力了。这意味着静止运动和匀速直线运动不再需要力来维持他们的现状：只有状态的改变才需要力。

笛卡儿的惯性运动是其机械论的宇宙观和运动理论的基本假设前提，但是在牛顿将他的物质和空间区分开来之后，惯性被内化为物质的一种属性。尽管牛顿也认为有一种"以太"充满了空间，但他所讲的"以太"是一种极稀薄、极富弹性的物质，并且它并不完全充满宇宙空间。他以彗星运动为例，说明天际空间不存在阻力，因而天际空间不存在物质。因为无阻力的物质，即不存在内在惯性阻力的物质是不可想象的。

受到前人和他同时代人的影响，牛顿将他的物理学与原子论思想结合了起来，并第一次明确定义了"物质的量"这一概念。之前开普勒的天体惯性阻力启发了牛顿把惯性内化为物质的固有属性，如果说这是从经验现象层面来定义物质的惯性质量，那么以原子论为基础把物质的量定义为密度与体积的乘积则是从本体论层面来将物质加以定量化。

牛顿的物质具有一种颗粒状结构，它由细小的固态微粒组成，这些微粒所具有的基本属性与我们之前分析过的近代微粒论

----

① ［英］斯蒂芬·高克罗杰. 科学文化的兴起：科学与现代化的塑造（1210—1685）（下）［M］. 罗晖，等译. 上海：上海交通大学出版社，2017：668.

者的理论相近似，即具有广延、硬度、不可入性、运动性，以及新增加的惯性。牛顿一直强调自己是一个经验主义者，对于物质的上述属性，包括惯性，他认为都是可以通过经验得到的既不能增加也不能减少的物质的基本性质。《原理》第三条"基本规则"写道：

> 物体的性质，它既不能被增强又不能被减弱，并且属于所能做的实验中所有物体的，应被认为是物体的普遍性质。

> 因为物体的性质不能被知道，除非通过实验，且因此普遍的性质是任何与实验普遍地符合的性质；且它们不能被减小亦不能被除去。无疑我们不应轻率地产生反对实验证据的一项臆想，亦不应该离开自然的相似性，由于它习惯于单纯且其自身总是和谐的。我们不能知道物体的广延，除非通过我们的感觉，并非所有的广延都能被感觉到，但由于广延在所有能感觉到的物体中被发现，它被普遍地归于所有的物体。根据经验，许多物体是坚硬的。又由于整个物体的坚硬来源于其部分的坚硬，我们合理地断言，不仅被我们感觉到的物体，而且所有其他物体的不可分的小部分的坚硬性。我们不是由理性而是由感觉推断出所有物体是不可入的。那些我们触到的物体被发现是不可入的。且由此我们得出不可入性是所有物体的一个普遍性质。所有物体是可运动的，且物体在运动或者静止是被某种力（我们称它为惰性力）保持，这从我们看到的物体所发现的性质推断出来。整个物体的广延性、坚硬性、不可入性，可运动性和惰性力起源于部分的广泛性、坚硬性、不可入性、可运动性和惰性力；且由此我们得出结论：所有物体的每

一个最小的部分是广延的、坚硬的、不可入的，可运动
的且具有惰性力。且这是整个哲学的基础。①

我们可以看到，牛顿事实上是把物体的广延性和坚硬性归于
经验的，然后通过由整体到部分的逻辑推理，从而得到物体由最
小的微粒构成，粒子的广延和不可穿透性也就成为牛顿物质理论
的形而上学假设。

牛顿通过把惯性内化为物质的固有属性，正是物体的这个内
在惯性力使物体保持静止或匀速直线运动，而外力是改变这种运
动状态的原因。牛顿这样定义物体固有力："物质的固有力是每
个物体按其一定的量而存在于其中的一种抵抗力，在这种力的作
用下物体保持原来的静止状态或直线匀速运动状态。而且它正比
于它所属的物体，除了在我们的概念中的情况，它与物质的惯性
相同。"就这样，牛顿通过物体的惯性将物质拉入运动学和动力
学中，实现了对物质的数学定量性研究，从而解决了伽利略和笛
卡儿无法将运动学或力学与物质理论联系起来的困惑。

一切物体都具有惯性，而惯性可以用一个给定的外力对物体
施加所产生的加速度来进行测量，在这个意义上，它是一个严格
的数学概念。但是力这个概念是不可见的，而物质是可以感知的
物理对象，因而如果能够首先确定物质的惯性大小再由此来定义
不可见的力，这样在逻辑上显然是更合理的。因此牛顿用了另外
一种与物质的惯性成正比的常数即物质的量作为他的《原理》
的第一条定义："物质的量是起源于同一物质密度和大小联合起
来的一种度量。"

牛顿对物质的量的这个定义可能在某种程度上受到波义耳在

----

① ［英］牛顿. 自然哲学的数学原理[M]. 赵振江，译. 北京: 商务印书馆，2017: 477.

压缩气体方面的实验结果的影响。① 波义耳已经发现，在任何气体的情形中，压力与体积之积总是一个常数，在与其他物质的惯性比例关系中，这个常数成为了气体的质量。牛顿按照密度和体积来定义的物质的量，实际是用已经比较熟悉的项来定义质量，而不是把质量作为物体的一个基本性质提出来。但这背后暗含了牛顿与波义耳都坚持的原子论思想。

牛顿一方面以原子论为基础将物质的量定义为密度与体积的乘积；另一方面通过提出物质惯性力概念，将物质理论与力学理论结合起来，再通过实验的操作，就可以测量计算得到物体质量的大小，实现对物质的定量化的表述。牛顿被后人当作一个完全的机械自然观的支持者。他按照质量把物质的运动还原为严格的数学关系，力学的一切基本单位都可以用空间、时间和质量的单位来定义。质量成为任何物体的一个本质特性，运动原理是从质量概念出发而来，而不是说明了这个概念。从物体都是质量这一陈述前进到这一假定：物体不是什么，只是质量，一切剩余现象都要用外在物体的力来说明。关于质量的思想被整合进笛卡儿的几何机械论之中，它取代了幻想的涡旋，使得这个世界体系看起来更像一台严格的机器②。虽然这样一种机械论与牛顿本人的设想并不完全符合，但这个体系在后世的巨大成功早已掩盖了牛顿的初心。

---

① [美] 爱德文·阿瑟·伯特. 近代物理科学的形而上学基础[M]. 徐向东, 译. 北京: 北京大学出版社, 2003: 204.

② 同上书, 206.

第二章　经典力学中的质量概念

　　首先指出，经典力学中的质量概念包括惯性质量和引力质量。近现代物理学史上，质量概念出现的形态依次有物质的量、惯性质量、引力质量、电磁学质量、狭义相对论质量，以及广义相对论下等效原理中的质量概念。而归根到底，所有这些质量概念的形态都可以表达为两种根本不同的类型，即惯性质量和引力质量。牛顿最初定义了物质的量之后马上将之在动力学上正比于物体的惯性，同时，牛顿的第一运动定律（即惯性定律）是将之前已经成熟的阿基米德静力学和伽利略开创的运动学转变为动力学的关键前提假设。电磁学中对电磁惯性的解释和狭义相对论中可变质量的提出，本质上都是指动力学意义上的惯性质量。牛顿提出的引力质量（也可称重力质量）是在万有引力定律下，物体作为行为主体的区别于惯性质量的独立形态的另一个描述物质属性的量。

　　经典力学被普遍认为是由运动学和动力学组成的。运动学是处理物体或粒子的运动，而没有对这些运动的原因做出解释的科学，它的基本概念是长度和时间。相应地，动力学是研究造成相互作用结果的物体运动的科学。动力学的任务是解释由运动学所描述的运动，动力学要求在那些用于运动学的概念上附加新的概念，为了"去解释"，而不仅是"去描述"。力学的历史显示了从运动学到动力学的转换只要求增加一个概念——或者是质量的概念或者是力的概念。牛顿以质量的定义开始写作他的《原理》，接着他的运动学第二定律，以欧拉表达式表示为 $F = ma$，

把力定义为质量 m 与加速度 a（加速度是运动学概念）的乘积。对于牛顿而言，质量概念，或更确切地说惯性质量，通常被选择作为这个增加的概念。这样，力学的三个基本概念就是长度、时间、质量，与三个物理学维数 L、T 和 M 以及它们的单位米、秒和千克相对应。所有物理学中的测量本质上都是运动学的，因此定义质量的概念并理解质量的本质是个严肃的问题。①

现代物理认识到自然界除了引力之外的三种基本力，即电磁力、弱相互作用和强相互作用。但由于引力理论是第一个发展完整的理论，因此惯性质量开始只与引力有关，并且引力质量将我们带到当前粒子物理研究的最前沿。尽管引力质量 m_g 在概念上不同于惯性质量 m_i，但它的定义预设了 m_i 的概念。因此从对惯性概念的分析开始对质量概念的讨论是合逻辑的。②

第一节　牛顿惯性质量概念

一、开普勒和惯性质量的概念化

在 14 世纪由约翰·布里丹和他的学派所阐述的冲力理论中，为了说明由相同的动力导致一块石头比一根羽毛移动得更远，或一块铁比一块相同大小的木头移动得更远，就需要物质的量这一概念。当其他条件都相同的情况下，稠密的和重的物体中比稀疏的和轻的物体中有更多的初始物质。③ 按照他们的观点，物质的量呈现于一个物体中，并决定了物理对象产生反抗运动的阻力，

① Max Jammer. Concepts of Mass：in Classical and Modern Physics [M]. Harvard University Press，1961，pp. 5 –6.

② Ibid，p. 7.

③ Buridan. The science of mechanice in the Middle Ages [M]. Madison：University of Wisconsin Press，1959，p. 535.

只是这里的冲力还不是现代物理学意义上的动量，阻力也不是惯性。另外，萨克森的阿尔伯特和尼科尔·奥雷姆在研究物体的疏松度和密度的问题上也涉及冲力理论与"物质的量"的关系。

伽利略在他的《试金者》（1623 年）中提到："现在我要说，每当我构想任何物质的或形式的实体时，我立即感到有必要考虑如它的界限、它有这样或那样的形状；在任何给定时间的某些特殊地点相对于其他的物体是大还是小；是在运动或者是处于静止中；接触或不接触一些其他物体；在数量上，是少数，或者多数。从这些条件我不能通过任何我的想象的伸展来分离这样一个实体。"① 伽利略在这里列举了物质的初始性质：形状、大小、位置、接触、数量、运动。所有这些性质分别是几何学的（形状、大小、位置、接触）、算术的（数量）或运动学（运动）的特性。在这个列单中，他没有提到任何物质的非几何学的维度方面。

另外，在伽利略的《两大世界体系的对话》中，萨尔维亚蒂问道："除了自然倾向于相反的词（例如，具有向下运动倾向的重物的阻力是向上运动的），另一种使它厌恶运动的内在的和本质的性质是否不存在于物体内？"伽利略还没有意识到，正是这个物体的"内在的和本质的性质"使自由下落的速度不依赖于下落物体的重量。

在拥有第谷·布拉赫的准确观测材料之后，开普勒认识到，天体的圆形和等速运动的传统观念不得不被放弃。1609 年开普勒发现，对行星运动的椭圆形轨道的假设与他掌握的观测数据完全一致。但是，用椭圆来替代圆产生了新的困难。自柏拉图时代以来，圆周运动因为其简单、完美和循环的连续性一直是行星的

---

① Galileo Galilei. Discoveries and opinions of Galileo [M]. trans. Stillman Drake, Doubleday, New York, 1957, p. 274.

固有运动，开普勒因此必须面对的问题是：行星在椭圆路径中是否仍然"自然地"运动？"自然"概念实际上是一个基本概念吗？还是可以还原为更基本的自然定律的基础上的一个因果关系？对行星运动的动力学解释的寻求从而成为开普勒的当务之急。①

　　开普勒的质量的概念化遵循他的力的概念化的同样模式。事实上，它们是同一知识过程中两个互补的方面，就像"质量"对于"力"是互补的概念一样。开普勒的力的概念从引起运动的心智、灵魂或纯粹形式的想法发展而来，他的质量概念则从物质的想法发展而来。关于形式和质料的传统的形而上学的对立是这两个概念的共同背景。② 开普勒发现，有一个因素在反抗引起运动的力时起作用，它必须属于物质的范围，因为它是物质的性质，根据新柏拉图的传统，它构成了形式实现的障碍。它暗示着物质对阻力的反抗以及物质固有的静止倾向。

　　早期的开普勒根据对重量的类推来解释阻力，未使用"惯性"这一术语。几年后，他区分了这两者。在他的《关于火星运动的新天文学及评论》中，开普勒从它们明显的和固有的缺乏运动的倾向中推断了行星的物质性质。在同一评论中，在反抗相互吸引的动力学意义上，开普勒使用了他称为"摩尔"的质量的概念："如果两块石头放置在世界上的任何部位，它们彼此靠近，但远离第三者相关物体的作用范围，这两块石头，就像两个磁体，将在某一中间位置走到一起，一个通过与另外一个质量成比例的距离接近另一个。"

　　值得注意的是，这种关系可以在原理上作为质量比的操作定

　　① Max Jammer. Concepts of Mass: in Classical and Modern Physics [M]. Cambridge: Harvard University Press, 1961, p. 54.

　　② Max Jammer. Concept of Force [M]. Cambridge: Harvard University Press, 1957, pp. 81－93.

义，以某种方式类似于马赫之后对质量的定义。然而事实上，物质的重要属性对开普勒而言，仅仅是保持在它的位置上的固有倾向。在《哥白尼学说的天文学摘要》（1618 年）——最早的哥白尼天文学教科书中，新柏拉图思想对开普勒推理的影响是显而易见的："由于其物质性，每个天球有无法处处移动的自然缺陷及保留在它本身所在的每一个位置的自然惯性或静止。"在同一本书中，从形而上的猜测到物理学推理的转变，在下面的结论中得以实现："如果天体的物质没有被赋予惯性——某些类似于重量的东西——那么从它们的位置上运动不需要任何力；最小的运动力就足够给予它们一个无限的速度。但是由于行星转动的周期占据一定的时间，有的长有的短，因此很明显物质必须具有解释它们不同的惯性。"可以毫不夸张地说，这样一个声明在定性的方法上可以作为牛顿第二运动定律的预期。

之后，开普勒把运动的过程描述为两个对立因素的相遇。他宣称在行星运动中，"太阳传输的力量和行星的无能或其物质的惯性相互对抗"。就开普勒而言，惯性因此不仅是物体把它自己从一地运送到另一地的物质的无能，而且可以说有积极的一面，即与从外部给予的运动是"敌对的"。这一阻力或"敌对"是与物质的量成正比的。"惯性或反抗运动是物质的一个特点；它越强，在某一给定容积中的物质的量就越大。"

开普勒的这个观点是非常重要的，因为它连接了经院学者的 quantitas materiae 的概念，这个词在开普勒使用的术语中，即 copia materiae，是他的惯性质量的新概念。当然，去解释"给定容积中的物质的量"的表达作为"密度"的名称是可能的，在这一情况下，开普勒显然把他所研究的"惯性"设想为对于物质的密度是成正比的。"行星……不被视为数学点，但显然被认为是物质体，被赋予了类似重量或在一定程度上是一种由物体的容量和物质的密度决定的运动阻力的内在能力。"虽然开普勒还没有科学地系统化这一新概念，几十年后牛顿完成了这一任务，然而他将物质概念作为惯性质量，赋予其科学的地位。[①]

二、惯性质量的体系化和形式化

马克斯·雅默指出，概念的形成史在其发展中往往可以分为三个阶段，即概念化、体系化和形式化。[②] 所谓体系化，是指将新形成的概念纳入某一科学体系的统一规则中，形式化则是指在这一科学的演绎命题语境中对概念做形式的定义。当然，这些阶段常常是相互关联甚至是相互交织以至于难以区分的。对于质量概念的第一阶段，即概念化，是由开普勒完成的。而第二阶段落后于它相对长一段时间，耽搁的理由无疑应归于 17 世纪上半叶笛卡儿物理学的崛起。

笛卡儿没有从开普勒那里借用他的惯性概念，他甚至明确否定了物理学宇宙观的系统的概念建构这一设想。在支持惯性质量新概念的最终建立中，更重要的是对碰撞现象的系统研究，包括弹性和非弹性碰撞，由马尔奇、瓦利斯、雷恩和惠更斯所完成。[③] 虽然"质量"这一术语没有出现在早期的碰撞现象的说明和研究中，但很明显的是质量概念的想法往往是含蓄地涉入其中。这个在现代术语中被称为动能守恒原理的基础的概念，似乎早在 1652 年就为惠更斯所知。并且显然，惠更斯意识到 A 和 B 的惯性质量的比率必须予以考虑，但是还没有对这一想法的明显术语，他只提到 A 和 B 的"大小"。

雅默指出，开普勒的物质的惯性行为的概念，以及由碰撞实验得出的重要结论和旋转运动的动力学，所有这些趋势和结果会

① Max Jammer. Concepts of Mass: in Classical and Modern Physics [M]. Cambridge: Harvard University Press, 1961, pp. 55 – 56.
② Ibid, p. 59.
③ Ibid, p. 63.

合于牛顿的著作中，导致了质量概念的体系化。先于"质量"（mass），牛顿使用了"物质的量"（quantity of matter）这一术语，他在《原理》（1687 年）的定义 1 中定义了这一概念："物质的量是起源于同一物质的密度和大小联合起来的一种量度。"他附加了如下的解释："因此，双倍密度的空气，在两倍的空间中，在量上是四倍；在三倍的空间中，在量上是六倍。同样的事情可以通过雪、微尘或粉末来理解，它们通过压缩或液化被浓缩，以及所有以任何原因浓缩的物体。我此处没有关注介质，如果有任何这样的事物，即自由弥漫于物体部分之间的间隙。这就是我今后以物体或质量之名处处意味的量。它以每一个物体的重量得知，因为它正比于重量，正如我已经由非常准确做出的摆钟实验所发现的，因此必将在后面显示。"①

牛顿的《原理》中有关这个讨论的陈述有多处。密度的概念在《原理》的定义部分没有明确界定，仅仅在第三卷《论宇宙的体系》的命题 6 推论 4 中，"相同密度的物体"被定义为那些"其惯性是与他们的体积成正比的"。物体定义 2 引入了"运动的量"（quantitas motus）或"动量"（momentum），即"运动的量是同一运动的起源于速度和物质的量联合起来的一种度量。"下面的解释接着说："整个的运动是每个部分运动的总和；因此两倍大的一个物体，以相等的速度，运动是两倍的；以两倍的速度，运动就是四倍的。"定义 3 描述了内在力（vis insita），或物质的固有力，作为"抵抗的能力，通过它每个物体尽可能地保持它的位置或继续它目前的状态，无论它是静止的，或是以直线均匀地向前运动。"遵从这个定义，这个解释有特别的重要性："这个力总是与物体自身成正比并与物质的惯性没有差别，除了

---

① ［英］牛顿. 自然哲学的数学原理[M]. 赵振江，译. 北京: 商务印书馆，2007: 1.

在设想它的方式上。由于物质的惯性，一个物体的静止或运动状态难以被剥夺。基于此说明，这个固有力可以用一个最具意义的名称——惯性力来称呼。但是一个物体仅在它自身的状态被一个施加于它的力改变时才使用这个力；在不同的观点之下那种使用既是阻力又是推动力：就物体为保持它自身的状态而抵抗外加的力而言，它是阻力；就难于退让抵抗阻碍的力而努力改变那个阻碍的状态而言，它是推力。通常阻力归于静止物体，而推力归于运动物体；但是运动和静止，如通常所认为的，只是相对地被区分，且通常被认为是静止的，并不总是真正的静止。"① 这就是牛顿对质量与惯性的定义。

在 18 世纪和 19 世纪，自然哲学中关于物质本质的概念：物体被认为由一种存在于所有物质实体中的基质所构成，这种基质是绝对的，因为它的功能是作为改变物质感官性质的载体，而其本身并不受这些性质的影响，就如同牛顿的绝对空间一样，此空间作为一个惯性系统作用于所有物体，而不被这些物体影响。尽管物体的感官性质经常发生改变，但它们的同一性得以保存则与物质的本质有关。随着对惯性质量认识的逐步提高，这些形而上学的考虑逐渐获得了科学基础，那就是质量守恒定律。当然，物质的量在物质系统的历史进程中保持不变这一想法早就作为一个含蓄的假设出现在《自然哲学的数学原理》里面。它的方法论上的重要性被康德所强调，他把这一定律摆在了与运动定律同等重要的地位，并认为一般形而上学把这一定律当作基本条件。事实上，质量守恒定律被认为本质上是对早期原子论者恩贝多克和卢克莱修等人关于物质不灭及不可创造性的重新表述。②

---

① ［英］牛顿. 自然哲学的数学原理[M]. 赵振江，译. 北京：商务印书馆，2007：2.

② Max Jammer. Concepts of Mass：in Classical and Modern Physics［M］. Cambridge：Harvard University Press，1961，p. 85.

然而，尽管如此，关于质量的概念仍旧没有给出一个正式的定义。通常，人们将它等同于"物质的量"，而不明确说明怎样去测量这些量，也不提供任何可操作性的解释。例如，在《*Dictionnaire raisonné de physique*》中，布里森将质量定义为一个物体所包含的物质的量。Sigaud de la Fond 出版的《*Dictionnaire de physique*》中给出了一个几乎相同的定义①。18 世纪关于力学的教科书或论文没有提出更好的关于质量的定义。唯一的例外是雷奥纳德·欧拉的《力学》（1736 年），该书的写作是为了达到由公理、定义和逻辑推导构造一门理性的力学科学的目的，欧拉打算借此证明牛顿力学的不可置疑。对于质量概念的历史来说，欧拉的《力学》具有突出的重要性，因为它完成了由原始的牛顿力学的质量概念向更加现代的抽象概念的逻辑转变，前者是基于"惯性"的概念，而后者则是作为单个物体的可由加速度确定的数值特性。②

欧拉《力学》第一册的论点 17 阐述了静止物体的惯性定律，论点 17 写道："任何物体惯性力的大小与它所含物质的量成比例。"当然，这是对牛顿《原理》中定义 3 的解释的同义重述。但是在论点 17 的证明中出现了一个新的观点，即欧拉将物体维持静止或匀速运动状态的惯性描述为：它由将物体逐出所处静止或运动状态所需要的力的大小所决定。不同的物体需要与它们的物质的量成比例的不同的力，因此，"物质的量"或"质量"是由动力所决定的。他在关于质量定义（定义 15）的推论 2 中明确阐述，物体的物质（质量）不是通过它的体积测得，而是要通过使它运动所必须施加的力来测量。这是关于那个著名的公

---

① Max Jammer. Concept of Force [M]. Cambridge: Harvard University Press, 1957.

② Max Jammer. Concepts of Mass: in Classical and Modern Physics [M]. Cambridge: Harvard University Press, 1961, pp. 87 – 88.

式——"力等于质量乘以加速度"的最早的表述，它被当作质量的一种精确定义。

第二节 莱布尼茨与康德的惯性概念

莱布尼茨提出"能动的力"的概念，"能动的力"又可以进一步分为"死力"和"活力"。他认为笛卡儿主张运动量守恒的原则，根本的原因在于他没有区分"死力"与"活力"。他在《动力学样本》（1695 年）一文中写道："力也有两种：一种是基本的，我们称之为死力。因为其中尚不存在有运动，而只有一种运动的诉求……另一种是与现实运动结合在一起的通常的力，我们称之为活力。"① 例如，离心力、重力或向心力和弹力都是莱布尼茨意义上的死力。

除了能动的力，莱布尼茨还在批判笛卡儿物性论和运动哲学的基础上提出"受动的力"或"抵抗"。② 能动的力相关于物体的形式，受动的力或抵抗相关于物体的质料（物质）。莱布尼茨认为广延和运动并非如笛卡儿所说构成了物体的本性，物体的本性应由物体之中的其他东西加以说明。在《论自然科学原理》一文中，莱布尼茨提出了"抵抗"和"抵抗力"的概念，他写道："一个物体是有广延的，可移动的和有抵抗力的；就其有广延而言，它是能够作用和遭受作用的东西：当其处于运动状态时，它在作用着，当其阻碍着运动时，它在遭受着作用。因此，应当受到考察的，首先是广延，其次是运动，第三是抵抗或碰撞。"在《动力学样本》一文中，莱布尼茨进一步明确提出物质广延和运动应当还原为力的思想。他说："在物体本性中，除几

----

① ［德］莱布尼茨 . 莱布尼茨自然哲学文集［M］. 北京：商务印书馆，2018.

② 同上书，Xlv – Vlvii.

何学的对象或广延外，无论什么东西都必定能够还原为力。"之后，他在《论自然本身，或论受造物的内在的力与活动》一文中使用了"自然惰性"概念，指出："物质毋宁说是借它自己的惰性，开普勒曾经合适地称之为自然惰性而抵抗着受到推动。"关于"受动能力"的构成，莱布尼茨指出："物质的抵抗包含着两种因素：不可入性或反抗性以及抵抗或惰性。"这与牛顿基于不可穿透性（或硬度）和惯性来定义质量概念是类似的。

在莱布尼茨的自然哲学著作中，他的物质概念具有各种不同的内涵，并且他的物质观是与他的有形实体学说联系在一起的。这里涉及"原初物质""次级物质"以及"力"的概念。莱布尼茨将"原初物质"界定为"那种纯粹可能的并且与灵魂或形式分离的东西"或者"纯粹受动的东西"。他认为原始物质虽然是一种可能的事物，但由于其所具有的这样一种抽象性，却是一种"不完全的"事物，或者说，是不可能孤立存在或独立存在的东西。这种界定近似于托马斯·阿奎那的原初资料。

其次，莱布尼茨明确地将"物质"与"广延"区分开来，他说："广延乃一种属性；有广延的事物或物质并非单个实体，而是诸多实体。""广延只是一种抽象的事物，而且它也要求一些有广延的事物。它需要一个主体。"这里，他把物质称为"有广延的事物"，由笛卡儿的把广延作为物体本身转为将广延作为物质的属性之一。那么进一步的问题是，物质何以能够具有大小、形状和运动？为此，莱布尼茨引入了"力"的概念，包括"受动的力"和"能动的力"。他说："我们必须承认：广延或一个物体的几何学本性，仅仅就其自身而言，其中并没有包含任何得以产生活动或运动的东西……我认为原初物质或质量的概念就在于这种受动的抵抗的力，这种抵抗力包含着不可入性以及别的某些东西，而且在物体中到处都与其大小成正比。因此，我指出，即使物体或物质本身只具有这种不可入性和广延，也能够从中推演出完全不同的规律运动。"①

在《论物体和力》一文中，莱布尼茨明确地用"受动的力"来界定物质。他写道："严格来说，受动的力构成的是物质或物质团块……受动的力是抵抗本身，凭借受动的力，一个物体不仅抵抗穿透，而且还抵抗运动，同时由于这样一种抵抗，即便另一个物体不可能进入它的位置，除非这个物体从这个位置撤了出来，如果不以某种方式减慢这个强有力的物体的运动，它就将达不到这一步……因此，物质中存在有两种抵抗的物质团块，其中第一种是所谓的反抗形式或不可入性，第二种是抵抗，或如开普勒所说的物质的自然惰性。"他还强调："倘若没有力，物质是不可能自行独立存在的。""物质可以被理解为不是次级的就是原初的，次级物质虽然实际上是一种完全的实体，但却并不是纯粹受动的。原初物质虽然是纯粹受动的，但却不是一种完全的实体，在它之中必须添加上一种灵魂或与灵魂类似的形式，即第一隐德莱希，也就是一种努力，一种原初的活动的力，其本身即是上帝的命令植于其中的内在规律。"②

段智德认为，莱布尼茨的自然哲学蕴涵两个层面，一是理论自然科学层面；二是形而上学层面。其中，理论自然科学关涉的是物质现象界，形而上学关涉的是精神本体界。③ 体现在莱布尼茨的自然哲学架构中，就是原初物质与原初的活动的力的结合构成的次级物质作为一种完全的实体。

我们可以看到，莱布尼茨起初的质量概念根本不同于牛顿。在 1669 年的一封信中，莱布尼茨写道："原初物质即是质量本身，在其中除了外延和抗变性或不可穿透性之外什么都没有。"

---

① ［德］莱布尼茨．莱布尼茨自然哲学文集［M］．北京：商务印书馆，2018，Lvii.

② 同上书，Lviii - Lix.

③ 同上书，xxxvii.

后来，莱布尼茨把质量这一概念留给了不如原初物质那么抽象并且加入了活力观念的次级物质。因此在写给约翰·伯努利的一封信中莱布尼茨以摩尔描绘原初物质，以质量描绘次级物质："物质本身，或摩尔，可以称为原初物质，它不是实体，甚至也不是物质的集合体，而是某种不完善的事物。次级物质，或 massa，不是单个的实体，而是多个实体。"质量是数个实体的集合体，就像一池塘的鱼或一群羊。它是积聚物的一个属性，是偶发的属性。①

莱布尼茨充分认识到笛卡儿物理学的基本概念上的缺陷，从而把惯性归因于次级物质的质量。单凭几何学不能说明物体彼此相互作用的时空行为，符合物理经验的惯性质量，对于莱布尼茨来说不得不在概念层面加以安置，以便在经验上确保原因和结果的平等性。尽管他宣称反对牛顿的万有引力理论，但莱布尼茨的质量定义是完全牛顿式的："运动物体的质量是互相的，作为其体积和密度，或作为物质的外延和内涵。"质量本身必须是力的来源或一个动力学实体。在莱布尼茨体系的最后阶段，质量成为活力和能量的载体或散布者。②

莱布尼茨对质量的动力学解释强调了惯性这个有些矛盾的概念的逻辑地位和物理学意义，并最终导致康德放弃这一概念。牛顿的质量是惯性的载体，物质的量与它是成正比的。惯性这一概念在 17 世纪和 18 世纪不是数学上的虚构或人为的工具，与任何其他已知的物理力类似，它是一个具有本体论实在性的物理存在，并在当时的力学著作中扮演了重要的角色。

康德对惯性的本体论和方法论地位的考察在物理学的基础研究中是一个重大的贡献，质量及其与惯性关系的问题是康德关于

---

① Max Jammer. Concepts of Mass: in Classical and Modern Physics [M] . Cambridge: Harvard University Press, 1961, p. 78.

② Ibid, p. 80.

自然哲学出版物中的重要议题。在《论活力的正确评价》（1747年）中，康德声称遵循亚里士多德和莱布尼茨的观点，将每一物体的内在力视为先于其空间延展性。"如果物质没有借以在他们自身之外行动的力，将不存在空间和外延。因为没有这种力就没有连接，没有连接就没有秩序，没有这个秩序就没有空间。"但在《唯物单子论》（1756年）中，他还是违背了莱布尼茨和沃尔夫的观点，将物质（命题8）的不可穿透性及其惯性（命题11）还原为物质的内在力，并认为物理物体的每个元素都拥有惯性力，不同的元素所拥有的惯性力程度不同。①

但是，两年后在《运动和静止的新学说》（1758年）中，康德第一次提出了异议来反对惯性概念的合法性。牛顿在他的《原理》定义3的解释中，把惯性作为一个"惯性"物体的反对者反抗压力。在此之前，康德一直追随着牛顿，现在却提出了一个有趣的问题：当移动的物体一接触到静止物体时，一个物体的内在力的平衡如何能够突然被扰乱，并刚好以产生与靠近物体相反方向的力的方式出现。他尝试把所讨论的现象还原为作用与反作用原则，依此，"静止"物体必须被视为相对于靠近物体是移动的，康德断定，尽管惯性是一个便于用公式表达和用运动定律推理的概念，但基本上是一个多余的和不必要的概念。最后，在《自然科学的形而上学基础》（1786年）中，康德完全摒弃了牛顿的惯性概念，尽管牛顿力学的哲学基础正是他工作的目标。由于只有"运动可以反抗运动，而静止不能"，因此它不是物质的惯性，物质没有能力移动其本身，它只能阻止运动力的产生。一个无需外力的力不造成运动，而是只有阻力的作用，惯性力是"一个没有任何意义的词"。康德的结论是，惯性的概念在自然

----

① Max Jammer. Concepts of Mass：in Classical and Modern Physics [M]．Cambridge：Harvard University Press, 1961, p. 82.

科学中必须被放弃，这不仅仅是因为其自相矛盾的称谓，也因为这个术语自身所隐含的错误。由于每一个运动状态的变化都有一个外部的原因，康德提出用"惯性定律"代替"惯性力"来与因果范畴相对应。康德起初是将质量概念等同于这种惯性力的大小的，现在该怎么办呢？现在，根据康德的观点，"物质的量"是在一定体积内运动物体的总数，"质量"是被视为在同一时间活跃在一起的"物质的量"。康德明确表示："物质的量在与任何其他的量相比时，只有通过以给定速度的运动的量来量度。"①尽管对康德的这些想法的介绍有时是相当模糊的，但是显而易见的是，康德充分认识到牛顿的质量概念是有问题的。康德对形而上学的惯性消除为质量概念探索进一步的实证方法铺平了道路。②

第三节 牛顿质量概念的微粒论解释和动力学解释

一、牛顿质量概念的微粒论解释

牛顿物理学的标准解释认为质量概念是物体的基本属性。在牛顿物理学的论述中，"质点"或"质量为 m 的粒子"经常被作为最原始的物质实体③。伯特兰·罗素这样描述牛顿体系："存在由点构成的绝对空间，由瞬间构成的绝对时间；存在物质粒子，每一个粒子永恒存在于所有时间，并在每一个时刻占据一个

---

① ［德］康德. 自然科学的形而上学基础［M］. 邓晓芒，译. 上海：上海人民出版社，2003：141.

② Max Jammer. Concepts of Mass：in Classical and Modern Physics［M］. Cambridge：Harvard University Press，1961，pp. 83 – 84.

③ O Belkind. Physical Systems［M］. Boston：Studies in the Philosophy of Science，2012，p. 119.

点。每一个粒子对其他粒子施加力，其作用是产生加速度。每一个粒子与一个特定的量——它的'质量'有关，质量与给定的力在粒子上产生的加速度成反比。"

牛顿通过对笛卡儿把物质等同于空间广延这一观念的批判性研究，意识到物质与空间之间存在着一种明显的区别。为了使这种区分可行，他把物质设想为空间的无法穿透的一个区域。因此，物质只是位于空间可移动区域内的不可穿透性的属性。一个无法穿透的位置的大小，或"物质的量"，即是后来与质量概念相联系的量。它表示一个物体中有多少物质，或物体的"体积"，与大小类似，即一个物体有多大。同时牛顿也认识到物质的量与动量守恒相关，因此物质的量这一概念也带有动力学影响，这最终致使他引入了物质的内在力或惯性力，即惯性质量概念。①

20 世纪的解释学家和历史学家通常更强调质量的惯性作用，而不是物质的量。雅默把牛顿的质量概念置于物质的主动和被动原理的传统区分之中，认为开普勒引入惯性质量是这一概念发展的关键。当开普勒发现行星运动的轨迹是椭圆而不是完美的圆时，他不得不寻找一个动力学的解释来代替圆周运动的"自然性"。行星的运动取决于外部的影响因素，力即是驱动行星运动的外部因素，而倾向于保持静止的物质的"惰性"是它们对外部因素的阻力。在开普勒的概念中，变化的原因是作用于物质上的力，抗拒变化的因素是物质的惰性本质。雅默认为开普勒的惯性质量属于新柏拉图主义的物质概念传统，并认为由于开普勒只涉及物体保持静止的倾向，所以他的惯性质量还不完全与牛顿的

① O Belkind. Physical Systems [M] . Boston：Studies in the Philosophy of Science，2012，p. 120.

"惯性"含义相同。①

贝尔金认为雅默的叙述是典型的 20 世纪编史学方法，这种叙述忽略了牛顿把质量定义为物质的量。② 雅默延续了马赫的观点，即认为质量作为物质的量的定义是不连贯的。雅默列举了导致牛顿将质量概念系统化的原因，包括惠更斯对离心力的研究，以及对碰撞现象的研究。③ 根据雅默的观点，笛卡儿的物理学阻碍了质量概念的发展。因为笛卡儿声称"我们在物质中所感知到的所有属性都可以归结为它的可分性和由此产生的各部分的可移动性"。

贝尔金还认为雅默忽视了笛卡儿对牛顿思想的重要影响。④ 在牛顿更早期的著作《引力论》中，牛顿批判并修正了笛卡儿对运动的量的定义，为他综合笛卡儿的动量守恒与开普勒的惯性质量概念铺平了道路。科瓦雷认为笛卡儿对牛顿原理的影响之一，在于笛卡儿把匀速直线运动状态作为与静止状态等价的一种自然状态来处理。⑤ 在把匀速直线运动作为一种不需要外在物理原因的自然状态这点上，笛卡儿与牛顿是相同的。但是对这种状态的初始原因以及改变原因的解释，牛顿和笛卡儿则是不同的。笛卡儿将物体沿匀速直线运动描述为物体的自然倾向，这种自然倾向的最终原因来源于上帝，并且把碰撞作为物体运动状态改变

----

① Max Jammer. Concepts of Mass: in Classical and Modern Physics [M]. Cambridge: Harvard University Press, 1961, p. 30.

② O Belkind. Physical Systems [M]. ⓒ Springer Science + Business Media B. V. 2012, p. 121.

③ Max Jammer. Concepts of Mass: in Classical and Modern Physics [M]. Cambridge: Harvard University Press, 1961, pp. 62 – 63.

④ O Belkind. Physical Systems [M]. ⓒ Springer Science + Business Media B. V. 2012, p. 122.

⑤ ［法］亚历山大·科瓦雷. 伽利略研究[M]. 刘胜利，译. 北京: 北京大学出版社，2008.

的原因。牛顿则把物体沿匀速直线运动的原因归结于物体自身内在的惯性，同时把运动状态改变的原因归于外力的作用。

牛顿认为笛卡儿著作中最重要的缺陷是方法论上的。笛卡儿的世界体系不是从观察到的经验现象开始的，他的结论也不是建立在观察和以这些观察为出发点的推理之上。他的理论更多地依赖于直觉性解释而不是经验证据。同时，笛卡儿的物理学还有一个严重的概念缺陷，即它对运动概念的解释是非连贯的。笛卡儿的运动学和他的动力学之间存在概念上的矛盾，即他对运动概念的定义和对运动的量及其守恒的概念之间的矛盾。由于笛卡儿坚持物质和空间的无区别性，以及他对运动概念的定义，使得他的运动的量的概念无法在数学上实现。运动的量及其守恒对牛顿的理论至关重要，它是分析因果链和解释自然力的主要概念工具。牛顿通过改造笛卡儿的形而上学概念，引入绝对空间和质量概念，并重新定义运动的概念，将运动的量的概念从笛卡儿的物理学中拯救了出来。①

O. Belkind 认为，笛卡儿运动学与动力学之间的不一致来源于他的所有运动没有一个共同的参考系。② 笛卡儿将物体的真实运动定义为"物质或物体的一部分从附近的与它直接接触并被视为处于静止的另一物体到附近其他物体的转移"。因此，根据笛卡儿的观点，一个物体的真正运动被定义为相对于被作为是静止的包含物体的物体的运动。这个运动的定义是相对的，因为每一个物体的运动都是通过在与包围它的物体的关系中来定义的，所有的运动都没有共同的参照物。由于没有空的空间，每一个物体都有一组唯一的物体即时将它包围起来，因此，每一个运动都有一个独一无二的参考系。这样，如果为了定义被包围物体的运

----

① O Belkind. Physical Systems [M]. © Springer Science + Business Media B. V. 2012, p. 123.

② Ibid, p. 124.

动，把这些围合的参照物当作是静止的，那么就会有一种唯一的运动被归因于它。

在定义了运动概念的基础上，笛卡儿定义了运动的量及其守恒概念。笛卡儿认为，运动"有一个确定的量，这个，我们很容易理解，可能在宇宙中作为一个整体是守恒的，而在任何给定的部分是变化的"。因此，对于笛卡儿，虽然运动是相对于周围的物体定义的，但整个宇宙的运动的量是守恒的。如果一个物体的每一个部分都有运动的量，则复合物体的运动的量与物体的大小成正比，其结果为 sv，即物体的速度和体积的乘积。笛卡儿说："如果物质的一个部分运动的速度是另一个部分的两倍，而另一部分的大小是这个部分的两倍，那么我们必须认为每一个部分有相同的运动的量；如果一部分减速，我们必须假设有相同大小的其他部分以相同的速度加速。"

牛顿在他的《论引力》中暗示了笛卡儿物理学的这种对真实运动的定义和对运动的量的定义在概念上的不一性。牛顿认为按照笛卡儿的理论，地球既在运动又不运动。按照笛卡儿的观点，一方面，地球拉拽着它周围的"以太"，地球真实运动的定义意味着地球是静止的；另一方面，把地球归因为一种自然倾向（conatus），意味着地球有一个运动的量，即地球是有速度的。因此，笛卡儿关于地球运动的运动学和动力学是不可能相调和的。为了解决这种运动与运动的量的不一致，牛顿把运动区分为真实的运动和表观运动，并认为真实运动，要么是绝对运动，要么是相对运动。① 这就涉及运动概念需要一个共同的参考系。

为了保留笛卡儿运动的量的概念，需要提供一个与运动的量相一致的真实运动的定义。牛顿认为一个特定物体的真实运动不

----

① O Belkind. Physical Systems [M]. © Springer Science + Business Media B. V. 2012，p. 124.

能依赖于由一个可移动物体构成的参考系，由此他引入绝对空间概念，目的是为物体的真实运动提供一个共同的参考系。牛顿说道："绝对的空间，它自己的本性与任何外在的东西无关，总保持相似且不动，相对的空间是这个绝对的空间的度量或者任意可动的尺度（demensio），它由我们的感觉通过它自身相对于物体的位置而确定，且被常人用来代替不动的空间：如地下的空间的、空气的或天空的尺度由它们自身相对于地球的位置而确定。"① 在此解释之后，牛顿又解释了地方和位置的概念，"地方是空间的一个部分，它由一个物体占据，依赖空间，是绝对的或者相对的……位置（situs），严格来说，没有量，与其说是地方，不如说是地方的属性"。紧接着，牛顿指出："绝对的运动是物体从一个绝对的地方移动到另一个绝对的地方；相对的运动是物体从一个相对的地方移动到另一个相对的地方。"②

绝对空间作为参考系的特征是它由一组不可动的地方（空间）组成，这些地方有别于可动的地方（物质物体）。③ 这样，牛顿通过把笛卡儿的广延区分为绝对空间和物质，把每一个物体的运动看作是相对于同一个参考系的真实运动，从而解决了笛卡儿运动学与动力学之间的矛盾。牛顿在设想了绝对空间以及绝对运动的基础上，认为物体绝对运动的量取决于物体的速度和大小。

物质与空间除了可动和不可动的外部区别之外，其本质区别在于物质具有硬度，即不可穿透性。正是不可穿透性概念使空间和物质的区别成为可能。在《论引力》中，牛顿讲述了上帝创

----

① ［英］牛顿. 自然哲学的数学原理［M］. 赵振江，译. 北京：商务印书馆，2017：7.

② 同上书，8.

③ O Belkind. Physical Systems ［M］. ⓒ Springer Science + Business Media B. V. 2012，p. 125.

造物质实体的方式：“因此，我们可以假设空的空间分散在世界各处，其中的一个，受到某种限制，神的力量使它不受物体的影响，并且根据假设，很明显，这可以抵抗物体的运动，也许还可以反映它们，并假定一个物质粒子的所有属性，只是它被认为是静止的。如果我们应该假设，不可入性并不总是保持在空间的同一个部分，但可以根据特定的定律从这里转移到那里，然而，为了那个不可穿透空间的数量和形状不改变，没有不拥有属性的物体。”上帝只要指定了不受其他事物影响的空间部分，就可以让这些拥有不可穿透性的区域到处移动，正如我们所体验到的那样。因此，物体可以被定义为“无所不在的上帝在一定条件下赋予广延的确定的量”。这里的条件是指物体是可移动的，并且物体是不可穿透的，以及是它们激发了各种感官知觉和想象力。

牛顿把物质作为空间中的不可穿透区域，这是牛顿从笛卡儿那里继承来的对物质的几何学解释。一旦把物质从空间中剥离出来，物体唯一的几何属性即是不可穿透性。再把这个不可穿透性与它的物质属性联系起来，就可以建立起物质的量与不可穿透性之间的联系了。[①] 由此，牛顿实现了从纯粹数的关系到可经验的物理关系之间的转变。虽然牛顿也面临着其形而上学的可疑之处，比如数学空间的无限可分与物理物体的有限可分性。对于牛顿而言，物质的最终部分是一样的，即原子是同一的、不可区分的，拥有不变的密度。正是在这个前提下，牛顿才可以把物质的量当作正比于物质的大小，即物体占据的不可穿透的区域的大小。在《原理》中，牛顿正式用物质的量这一概念来代替运动物体的大小，并把物质的量定义为密度与物质体积的乘积，从而从数学上建立起不可穿透性与质量概念之间的联系。

① O Belkind. Physical Systems [M]. © Springer Science + Business Media B. V. 2012, p. 126.

在《论重力》的定义 15 中，牛顿描述了密度的概念。他讨论了一种形状像海绵一样的有气孔的物体，物体有一些无法穿透的区域和不含有物质的孔隙，物体的惯性随着孔隙的减小或整体尺寸的增大而增大或减小。因此，密度被定义为一个物体相对于它的总体体积（包括孔隙）所占有的不可穿透体积的数量。在这里，牛顿与笛卡儿的一个重要区别在于，牛顿认为物体是由不可穿透的地方组成，物体的大小是指物体占据的不可穿透的地方的数量；而对于笛卡儿来说，不可穿透与可穿透的区域是没有区别的，因为没有一个区域是没有物质的，因此密度的概念毫无意义。按照牛顿的观点，如果把一个物质实体分解成它的最终部分，就会达到一个小的不可穿透的空间区域，而且不可穿透性本身并没有不同的程度区别。依此，物质的最终部分表现为一致的、不变的密度。虽然有历史依据表明，牛顿实际上认为组成物质的所有原子是无法区分的，但由于他认为不能提供任何经验证据来证明事实确实如此，因此他并没有在《原理》一书中明确地表明这一观点。①

如果严格按照牛顿对物质的这种几何概念解释，那么并不存在不同密度的单一非均匀分布的物体。但牛顿似乎认为，从数学的角度来看这个结果并不重要。他说："但是为了可以设想这个组合物体为一个统一体，假设它的部分无限分割并通过孔隙分散各处，这样，整个组合物体不存在没有无限分割的部分和孔隙的绝对完美混合物的延展的最小粒子。"一个组合的统一物体所占据的整个空间与其不可穿透区域是有区别的。我们可以把一个非均匀分布的物体看作是由一个均匀分布的不可穿透区域和真空区域组成的。要设想不同密度的均匀分布的物体，可以把一个不可

---

① O Belkind. Physical Systems [M]. ⓒ Springer Science + Business Media B. V. 2012, p. 127.

穿透的空间区域想象成均匀地收缩或膨胀以占据不同的体积。这样，我们可以设想不同的均匀密度的物体，其中每一个最小的粒子"都是无限分割的部分和孔隙的绝对完美混合物"。因此，在数学上密度可以被定义为不可穿透区域的大小与包括孔隙在内的整个物体的大小之比。

因此，物质的量可以被定义为组成一个物体的不可穿透区域的大小。牛顿的定义 1 为："物质的量是起源于同一物质的密度和大小联合起来的一种量度。"其解释为："两倍空气的密度且两倍它所在的空间，有四倍的空气；三倍它所在的空间，有六倍的空气。对通过压缩或液化而凝结的雪或粉末亦作同样的理解。对以任何方式或无论何种原因而被凝结的物体，理由相同。在这里我没有考虑一种介质，如果存在这种介质的话，它自由地进入物体的部分之间的缝隙。它可以通过每个物体的重量得知：因为由极精确的摆的实验，我发现它与重量成正比，如后面所示的那样。"① 这个解释可以显示，牛顿的密度是由不可穿透的地方在不同体积上的扩展而产生的。而这里的介质意指"以太"，这是牛顿试图调和其超距作用理论与机械论的一个假设。

一个不可穿透的区域会阻止另一个物体进入这一区域，因此不可穿透性使物体具有了抵抗外部接触力的能力。一个物体对另一个物体的这种外部接触力的阻碍或抵抗即是物体内在惯性的来源。牛顿声称，力是使物体的运动或静止状态改变的原因，那么，惯性力则是阻碍此物体运动状态改变的原因。如果说可以把密度和体积的乘积来定义物质的量看作质量概念的内涵，那么以惯性来定义它则属于质量概念的外延之一；此后，还有引力质量、电磁学质量以及相对论质量。

----

① ［英］牛顿. 自然哲学的数学原理[M].赵振江，译. 北京：商务印书馆，2017：1.

综上所述，O. Belkind 认为牛顿的质量概念起源于其对笛卡儿物理学的批判。牛顿为了调和笛卡儿真实运动与运动的量守恒之间的不一致，引入可移动和不可移动区域之间的区别，把不可移动区域的集合看作是绝对空间，可移动的区域则是空间中不可穿透区域，即物质。再用真实的运动与物质的量来定义运动的量及守恒。绝对空间和质量概念，体现了牛顿与笛卡儿在物理学上的根本区别。牛顿把物质的量与不可穿透区域的大小或体积联系起来，而关于物质的最终部分是否不可区分，仍然是牛顿物质概念的一个未经证实的结果。①

二、牛顿质量概念的动力学解释

物质的质量概念和绝对空间概念的提出，为运动的量守恒提供了一个连贯的合乎逻辑的概念框架。因此，牛顿在定义了质量概念之后，接着就定义了运动的量，他说："运动的量是同一运动的起源于速度和物质的量联合起来的一种度量。"其附加的解释为："整个的运动是每个部分的运动的和；且因此对两倍大的一个物体，以相等的速度，有两倍的运动，并且以两倍的速度有四倍的运动。"② 在现代物理学中，动量概念被定义为质量和速度的乘积，并且总动量是守恒的。而牛顿的定义 2（即运动的量的定义）并没有明确给出这个结果，他强调的是整体运动是各部分运动的和，以及运动的量是与物体的大小和速度成正比的。对牛顿而言，运动是物体的组合性质。物质的每一个最终部分都有一定的速度，也即有该部分的运动，每个部分的运动之和就是复合系统的运动。因此，当物体是一个不可分割的粒子的时候，运

---

① O Belkind. Physical Systems [M]. ⓒ Springer Science + Business Media B. V. 2012, p. 129.

② [英] 牛顿. 自然哲学的数学原理[M]. 赵振江, 译. 北京: 商务印书馆, 2017: 1 - 2.

动等同于速度；但对于复合物体来说，运动和速度不是等同的，因为运动是组合的，并且速度仅仅是相对于流逝的时间的位置变化。（这个观念与牛顿的信念是一致的，即物质的所有原子部分是不可分割的，而且密度相同）因为运动的量反映了一个复合物体的运动总和，因此我们通过物质的量和速度的乘积来估算固态物体的运动的量。①

笛卡儿声称，运动的量及其守恒来自上帝的创造。他认为："神是运动的原因。""神凭借其阻力仍保存他过去给予物质的同样数量的运动和静止。"② 上帝创造了运动并保证了运动在整个宇宙中的守恒。在此前提下，运动的变化则来自外因的阻止。笛卡儿认为："既然一切事物只有借神的助力才能在一定的状态中存在，而神在自己的事业中是绝对不变的，则如果不注意任何外部的即特殊的原因，而按事物本身来考察事物，则应当肯定，它将永远处在现今的状态中。"此证明的推理为："物体一旦进入运动，如果不为外因所阻止，则将永远继续运动。"③ 笛卡儿所指的外因是碰撞，而不是物体之间相互作用的力。

为了找到承担运动的量守恒的物质行动主体（material agency），牛顿引入了力的概念。④ 在定义了运动的量之后，他定义了固有力和外力概念。牛顿的定义 3 为："物质的固有的力（vis insita）是一种抵抗的能力，由它的每一个物体尽可能地保持它自身的或者静止的或者一直向前均匀地运动的状态。"附加解释为："这个力总与物体自身成正比，也与物体的惰性（inertia）

----

① O Belkind. Physical Systems [M]. ⓒ Springer Science + Business Media B. V. 2012，p. 130.

② ［荷兰］斯宾诺莎. 笛卡儿哲学原理[M]. 北京：商务印书馆，2013：108.

③ 同上书，109.

④ O Belkind. Physical Systems [M]. ⓒ Springer Science + Business Media B. V. 2012，p. 130.

没有差别，除了在领悟的方式上。物质的惰性，使得每个物质自身的静止的或运动的状态难以被剥夺。因此固有的力也能用极著名的名称'惰性力'来称呼它。但是一个物体仅在它自身的状态被一个施加于它的力改变时才使用这个力；在不同的观点之下那种使用既是阻力又是推动力（impetus），就物体为保持它自身的状态而抵抗外加的力而言，它是阻力；同一物体，就难以退让抵抗阻碍的力而努力改变那个阻碍的状态而言，它是推动力。通常阻力归于静止者且推动力归于运动者；但是运动和静止，如通常所认为的，只是由于观点而彼此被区分，且通常被认为是静止的并不总是真正的静止。"① 物体的固有力属于物体的内在属性，每一个物体都含有一个"与物体自身成正比"的力，这个力与物质的量成正比。因此，这个定义给出了质量的惯性作用。由于具有一定的物质的量，每一个物体都具有抵抗外加力并保持其匀速直线运动状态的能力。固有力是迫使物体保持运动的量的物质行为主体，因为每个物体只有在没有外力作用于其上的情况下，才不会偏离匀速直线运动状态。

如果没有外力就没有什么可以抵抗的，因此没有外力的存在，物体的固有力就没有意义。所以，尽管固有力似乎是独立存在于物体内部的，但它只有与外加力相结合才有意义。② 因此牛顿的定义4："外加的力是施加于一个物体上的作用，以改变它的静止的或者一直向前均匀地运动的状态。"其附加的解释为："这个力只是存在于作用之中，作用之后并不留存在物体中。因为一个物体的新的状态只被惰性力保持。而且外加的力有不同的起源，如来自打击，来自压力，来自向心力。"外加力作用于物

---

① ［英］牛顿. 自然哲学的数学原理[M]. 赵振江，译. 北京：商务印书馆，2017：2.

② O Belkind. Physical Systems ［M］. ⓒ Springer Science + Business Media B. V. 2012, p. 131.

体上，改变其静止或匀速向前运动的状态。并且，外加力只存在于运动状态变化的过程之中，而不存在于这些变化之后。内在固有力本质上是外力的反作用，只有在物体运动状态发生改变时才会表现出来这个力。

牛顿在《原理》第一部分定义了物质的量、运动的量和力的概念，再结合第二部分的三条运动定律，就可以解释运动的量及其守恒。运动的第一定律即惯性定律："每一个物体都保持它们自身的静止的或者一直向前均匀地运动的状态，除非由外加的力迫使它改变它自身的状态为止。"一个孤立的不受外力作用的物体，惯性力使其保持静止或者匀速直线运动。而如果对一个物体施加外力，其结果就是牛顿第二定律："运动的改变与外加的引起运动的力成正比，并且发生在沿着那个力被施加的直线上。"①

在第二定律中，牛顿本人并没有提到物质的量，只是说运动的变化与外力成正比。按照现代科学的观点，运动的变化等价于加速度，那么说加速度与外力成正比，就意味着如果给定一个物体，外力与加速度的比值是一个常数。之后的马赫等人正是从这一点来质疑牛顿质量概念的必要性。这个常数在现代物理中就是质量，牛顿第二定律的现代公式表达即 $F=ma$。鉴于牛顿一直试图保留笛卡儿物理学中的运动的量这一概念，我们可以设想牛顿在这个定律中想要表达的其实是运动的量的变化与外力成正比，即 $\triangle(mv) \propto F$。现代力学把运动的量的变化看作是力和时间的乘积，即 $\triangle(mv)=Ft$。如果牛顿将他的讨论限制在一个单位时间上，并假设物体的质量不变，这个公式就变为 $F=ma$。② 牛

① ［英］牛顿.自然哲学的数学原理［M］.赵振江，译.北京：商务印书馆，2017：15.

② O Belkind. Physical Systems ［M］. ⓒ Springer Science + Business Media B. V. 2012，p. 132.

顿第二定律中，作为常数的质量函数把一个物体受到的动力与它的速度的变化联系了起来。质量的直观含义为，一个物体的质量越大，它就越难以偏离其匀速直线运动。

牛顿第三运动定律为："对每个作用存在总是相反的且相等的反作用，或者两个物体彼此的相互作用总是相等的，并且指向对方。"① 因此，如果力被定义为运动的量的变化，而作用等于反作用，那么一个物体的任何运动的量的变化都会被另一个物体的运动的量的变化所抵消。通过力的作用，运动的量可以在不同的个体之间分解交换。当一个物体不与另一个物体交换动量时，其运动的状态是守恒的，这就是第一定律的内容。当一个物体 A 的动量转移到另一个物体 B，A 物体的动量变化必须与 B 物体动量的变化相反，这是第三定律的含义；而动量与导致运动的量变化的作用力的关系，则是第二定律。② 在三个定律之后，推论 1 和推论 2 解释了力的分解和合成，推论 3 表达了这些定律背后的指导原则。推论 3 为："运动的量，它由取自在同一方向已完成的运动的和，以及在相反方向已完成的运动的差得到，不因物体之间的作用而改变。"③

以上定义和运动定律结合在一起，共同导出了运动量的守恒。以这种间接方式得到运动的量守恒的原因是牛顿在寻找承担运动的量守恒的物质行动主体，它们将取代上帝在笛卡儿物理学中的作用；同时，牛顿成功地将各种运动的量的交换归类到一个单一的自然定律之下。这种统一描述的科学方法可以揭示和分类

----

① ［英］牛顿. 自然哲学的数学原理[M]. 赵振江，译. 北京：商务印书馆，2017：16.

② O Belkind. Physical Systems ［M］. ⓒ Springer Science + Business Media B. V. 2012, p. 133.

③ ［英］牛顿. 自然哲学的数学原理[M]. 赵振江，译. 北京：商务印书馆，2017：21.

自然界的力。牛顿的力的概念使他能够把他的物理学从笛卡儿的形而上学背景中分离出来，为研究物质的因果关系建立一套科学的方法。[①] 牛顿对固有力和外加力的定义，以及他的三个运动定律，阐述了质量概念的动力学作用。他把质量想象成有助于动量守恒的固有力的中心（locus），存在于每一个物体内部的固有力，或者称为惯性力，建立了质量的几何概念与其因果动力学作用之间的联系。[②]

牛顿围绕"运动的量"这一笛卡儿物理学的基本概念来改造其形而上学假设，使这一概念能无矛盾地体系化。同质的无生命物体，即惰性的物质，成为自然科学即后来的科学研究的对象。笛卡儿的物质观念还未完全脱离亚里士多德的分类的说明，且其对世界的原动力及持续动力的来源寄于上帝，表明其思想还带有目的论因素，故而不能给出自然物体运动的因果解释。但他已经将世界二元化和微粒化，他的矛盾使牛顿干脆把物质从空间中分离出来作为纯粹的物质行为主体。从此人的感知、精神成为第二性质，不在机械力学的研究范围内。人的自由与自然的必然的矛盾替代了人与神的冲突。

第四节　惯性的电磁学起源

马克斯·雅默在他 1961 年的著作中详细介绍了惯性质量的电磁学概念的提出和推导过程。惯性归根结底是一种电磁现象，惯性质量本质上是一种感应效应，这个思想来源于对运动中电荷的电动力学的研究。

----

① O Belkind. Physical Systems [M] . ⓒ Springer Science + Business Media B. V. 2012, p. 134.

② Ibid, p. 135.

一、虚增质量和"电惯性力"

1864 年，麦克斯韦建立了完整的电磁场方程组，他得出的电磁应力张量，也即电磁场中空间部分的能量—动量张量包含着有益于这个新理念的思想。1881 年，约瑟夫·约翰·汤姆逊在他的论文《论荷电物体运动产生的电磁感应》中设想了减小电磁惯性的可能性。从电场和磁场强度，汤姆逊计算出周围电磁场的能量。根据守恒定理，能量必须由带电导体的运动来提供，既然它的运动提供了能量来源，那么导体在电介质的运动中抵抗电阻也是要付出代价的。通过介质的能量由于摩擦的耗散被排斥，就像介质被假定没有电导性，经受的阻力应当就像固体在理想流体中运动一样。"换句话说，它必须等于荷电运动球体的质量上的增加。"

根据汤姆逊的论证，受到阻力的结果只"等于质量上的增加"，他设想这个过程只是"好像"质量增加了。但他仍然认为它类似于经典流体力学：有一质量为 m 的球形粒子，浸入不可压缩的流体，并在其中以速度 v 运动，得到除它自己的动能 $\frac{1}{2}mv^2$ 之外，还有能量 $\frac{1}{2}\mu v^2$；显现到整个系统中的总的能量因此可以写作 $\frac{1}{2}(m\mu)^2$。"流体的存在因而有了让球体质量增加的外观上的效果"，其中 μ 在流体力学中经常作为"感应质量"提到。

奥利弗·海维赛德在汤姆逊的计算结果上做了一个改进，在 1889 年发表的《关于带电物体通过电介质的运动引发的电磁效应》一文中，海维赛德通过计算，得到如下结论：表面电荷分布均匀的运动球质量上的增加是其稳恒场能量 U_0 除以 c^2 的 4/3。与汤姆森相比，对于海维赛德来说，质量的增加是一个物理上的重要现象，不仅类似于力学惯性，而且类似于独特的惯性效应。

事实上，海维赛德明确地谈及"电惯性力"。

　　海维赛德论文的出版标志着基本物理中力学科学与电磁学科学之间竞争的开始。在他们寻找"以太"的力学模型中，由威廉·汤姆森和麦克斯韦发起的电磁现象的力学解释的纪元依然处于顶峰。当时的科学论文大量地试图把电磁学还原为力学或流体力学，他们相信自然中的所有的力最终只是许多科学家寻找统一原理所得到的相同的基本力的不同表现。①

二、惯性质量的电磁学解释

　　电磁质量概念的早期支持者之一维恩，在一篇《关于力学的电磁学基础的可能性》的论文中第一次承认麦克斯韦、开尔文和赫兹都已经选择自然的方式把力学作为麦克斯韦方程组来源的基础。② 然而，由于为这一目的而设计的力学模型不断增加的复杂性，维恩认为把电磁方程组作为力学定律的来源基础的物理学理论的未来发展更有前途。

　　提到海维赛德的"电惯性力"，维恩概括了这一结果并表达了他从电磁学理论中可导出力学惯性的坚定信念。"物质的惯性，它是除了引力作用之外给予质量的另一个独立的定义，不需要其他假设就可以从已被频繁引用的电磁惯性的概念中推导出来。"维恩惯性质量的引出是基于塞尔的关于由一个带电的"海维赛德椭圆体"运动中产生的电场能的计算。通过计算，维恩确定海维赛德的结论适用于低速 v，但表明对于高速不得不考虑展开的其他项，即电磁质量是依赖于速度的。

　　质量的电磁学概念后来的发展，特别是作为它的倡导者马克思·亚伯拉罕的解释，与玻因廷 1884 年关于电磁场中能量转换

----

　　① Max Jammer. Concepts of Mass: in Classical and Modern Physics [M] . Cambridge: Harvard University Press, 1961, pp. 136 – 141.

　　② Ibid, p. 142.

的著名定理的发现紧密相联，也与由彭加勒预示其理论上的重要性且被亚伯拉罕以非常详细地计算出的电磁动量概念紧密相关。亚伯拉罕对惯性质量电磁性质的研究仅限于电子的力学中，特别是通过考曼夫的工作，这在那时是大量实验探索的主题。① 在他著名的教科书《电学理论》中题为《电子动力学的基本假设和电磁学的世界图景》的一章中，亚伯拉罕声明他研究的目的是能以纯电磁学基础来解释考夫曼实验的电子动力学的发展。

通过计算，亚伯拉罕得到结论：如果电子的速度 v 在大小和方向上是常量，那么场的总电磁学动量 $G^{(f)}$ 同样是常量，且它的时间微分等于零。在他关于"电子动力学原理"的论文中，他给出了惯性定律的电磁学版本的精确表达：如果从一开始电子的运动是均匀的和纯粹平移的，且如果它的速度远小于光速，那么对于匀速运动的延续，无需外力或转矩。如果电子的速度 v 增加或减少而无方向上的改变，那么当它的大小由下式给出时，矢量 $dG^{(f)}/df$ 同样存在于运动方向上，$\dfrac{dG^{(f)}}{dt} = \dfrac{dG^{(f)}}{dv}\dfrac{dv}{dt} = \mu w$，这里 w 是动力加速度，$\mu$ 是电磁质量。并且，电子遵从作用于与运动方向相反且大小上等于加速度乘以电磁质量的力。

同时，亚伯拉罕把电子视为电荷（或者体积电荷或者表面电荷）均匀分布的刚性球体，无条件地拒绝可变形电子的想法。亚伯拉罕进一步认为，质量的纯电磁理论表明力学质量 m 的引入是无根据的，考夫曼的实验验证了这一结论。此外，他还认为，如果电荷体系的电磁质量等于每个个体电荷的电磁质量之和，或换句话说，如果电磁质量的相加性成立，那么电子或相似构造的其他粒子的动力学的纯电磁学解释似乎已经取得成功。牛顿的第

----

① Max Jammer. Concepts of Mass: in Classical and Modern Physics [M]. Cambridge: Harvard University Press, 1961, p. 145.

二运动定律于是将成为电磁场的麦克斯韦理论的结果。①

　　考夫曼在哥廷根物理学协会上的关于电子通过同时发生的电场与磁场和电子的 e/m 的测定的电子偏转的著名实验真的验证了亚伯拉罕的论点吗？在关于他实验的第一份报告中，考夫曼总结了他的结果，声明电磁质量 μ，即他所谓的"表观质量"（scheinbare mass），有与他叫作"真实质量"（wirkliche masse）的力学质量 m 一样的数量级，然而随着速度的增加，"表观质量"大大超过了"真实质量"。由于这些结果，考夫曼认为分布于电子上（或在里面）的不同电荷的假说导致了"真实质量"为零的结论。在第二份题为《关于电子的电磁质量》的报告中，他纠正了先前的陈述并且得出结论：电子的质量仅仅是电磁现象。同时，亚伯拉罕在一篇题为《电子的动力学》的论文中，持与考夫曼术语一致的观点，"经常被使用的'表观'质量和'真实'质量的术语可能导致混乱"，他警告道："在力学的意义上，'表观'质量是真实的，而'真实'质量显然是不真实的。"亚伯拉罕还指出："严格地说，电磁质量不是一个标量而是一个以旋转的椭圆体对称的张量。"以考夫曼的实验为基础，亚伯拉罕以这样的话总结了他的报告："电子的惯性起源于电磁场。"同年，在卡尔斯巴德的一次科学会议的致辞中，亚伯拉罕宣称："电子的质量纯是电磁性的。"洛伦兹以"当然是现代物理学最重要的结果之一"向这一结论致敬，然而，他还是承认："如果我们喜欢，我们自由地相信有一些小的物质质量依附于电子，据说等于电磁质量的一百分之一。"尽管洛伦兹因此承认亚伯拉罕论点的实验证实的非决定性，但是他在简单原理的基础上似乎已经大体上同意了亚伯拉罕的观点。

----

　　① Max Jammer. Concepts of Mass: in Classical and Modern Physics [M]. Cambridge: Harvard University Press, 1961, p. 150.

这样，质量的电磁学概念的程序已经建立：一旦原子和分子被还原为正的和负的电荷，并且它们的惯性行为在电动力学的基础上被解释，那么整个物理世界总的来说将只有正的和负的电荷以及它们的电磁场，自然中的所有过程将被还原为对流和它们的辐射，世界的"原料"（stuff）将被从它们的物质实体上剥夺。

质量的电磁学说随着它的含义很快开始吸引学术界的注意。尽管它几乎不能被认为曾经赢得了普遍的接受，但是大量杰出的物理学家表达了他们的赞同。例如，彭加勒在《科学与方法》中宣称："我们所称作质量的东西只是一种表象，所有惯性都将起源于电磁学。"巴克耳则再次核对了考夫曼的实验，认为："有形原子的质量将最终作为仅仅只是虚构而显示自身。"都柏林大学学院的数学物理学教授康韦在一篇题为《电磁质量》的论文中，发展了一种电磁质量张量的理论，即"质量二次曲面"理论。康斯托克、哈金斯和威尔逊在质量的电磁概念的基础上解释了原子物理学。①

然而，因为质量的电磁理论不能成功实现对除原子之外的物质组成的推广，因此对此理论的早期热情不久就减弱了。此外，电子质量的速度依赖的实验验证——迄今为止它是电磁学概念的主要证据——在革新的相对论中发现了一种新的解释。

对于质量概念的发展以及因此对于普遍物理学理论的发展，物质的电磁理论具有决定的重要性。直到它的出现，物理学家和哲学家大体上都追随被称为物理实在的实体概念之物。根据这一观点，一个自然的物体，首先是它是什么：仅仅以它固有的、不变的和持久的性质为基础，在它之中质量是物理的表达而惯性质量是定量的测量。然而，电磁概念提议剥夺它的实质质量这个固

----

① Max Jammer. Concepts of Mass：in Classical and Modern Physics [M]．Cambridge：Harvard University Press，1961，p. 152.

有本质的内容。尽管电荷——至少在某程度上——履行了质量的功能，但真正的物理学行为的场不是物体，而是如麦克斯韦和玻因廷所表明的环绕的介质。场是能量的场所，物质变得不再是物理事件反复无常的唯一依托者。把质量解释为物质的量，或更精确地，把惯性质量视作物质的量的测量，现在已经失去了所有的内涵。对实体来说，它的首要本质已经被丢弃。在这个词的现代意义上，质量的电磁概念不仅是最早的场论之一，而且它也充分表达了现代物理学以及现代物质哲学的基本原则。①

第五节　引力质量概念

一、重量概念的历史

从历史上看，重量概念是早于质量概念的。重性概念最初体现在亚里士多德对"重物"（gravia）和"轻物"（levia）的区分中。② 亚里士多德将物质的初始元素分为土水气火，地球上的物质通过这四种元素复合，其中土元素占优势的复合物（mixta）称为重物，火元素占优势的复合物称为轻物。重物下落朝向地球中心（也即宇宙中心），轻物上升朝向月球。重物下落与轻物上升均属于自然运动，因为它们依其本性运动；反之，像石头被向上抛出，则属于受迫运动。因此，如果一个重物的下落受到阻碍，我们就会觉察到重性。

到了 16 世纪，由于哥白尼的地球周日自转和周年旋转假说的提出，天球运动的动力学问题与传统的重力问题之间的矛盾变

----

① Max Jammer. Concepts of Mass：in Classical and Modern Physics ［M］．Cambridge：Harvard University Press，1961，p. 153.

② ［荷］戴克斯特霍伊斯．世界图景的机械化［M］．张卜天，译．长沙：湖南科学技术出版社，2010：31.

得更加尖锐了。哥白尼接受了库萨的尼古拉的虚空理论，认为空虚空间中天球的转动无须任何东西推动。关于重力效应，"在哥白尼看来，重力仍然是被隔开的物体所具有的一种与母体结合的倾向或渴望，而不是地球对疏远的物体所施加的一种实际'拉力'"。① 当然，哥白尼用的依旧是重性这一术语，重力作为可量度的近代科学概念是伴随着牛顿的引力理论而出现的。

威廉·吉尔伯特这位科学磁学之父，其经典著作《论天然磁石和磁体》发表于 1600 年。我们前面已经提到，亚里士多德认为月下区的物体都是由四种元素混合而成的。吉尔伯特由此观点出发，认为地表及附近物质都是废物和沉渣，真正的纯净状态的"土"处于这一表层之下，组成整个地球的内部，它就是磁性物质。② 他设想地球内部由这种同质的磁性物质构成，因此我们的地球就是一块巨大的天然磁石。所以对吉尔伯特而言，地球对物体的磁吸引力才是重力的真正原因，而这也说明了地球的各个部分为什么能够保持在一起，以及为何地球会绕它自身的两极作周日旋转。依吉尔伯特之见，一个天然磁石的磁力大小和范围是随着它的量或质量而变化的。③

"质量"这个概念是后来在牛顿那里才真正成为近代科学的一个基本概念的，但这个概念提出和使用最早应该归功于吉尔伯特的磁学实验。④ 吉尔伯特分析的质量指的是一块磁石是否有均匀纯性和是否来自一个特定的矿藏。正是在这一点上，伽利略和

----

① ［英］赫伯特·巴特菲尔德. 现代科学的起源［M］. 张卜天，译. 上海：上海交通大学出版社，2010：110.

② 同上书，111.

③ Williams Gilbert of Colchester. On the Loadstone and Magnetic Bodies，Mottelay translation，New York，1893，pp. 55，64.

④ ［美］爱德文·阿瑟·伯特. 近代物理科学的形而上学基础［M］. 徐向东，译. 北京：北京大学出版社，2004：136.

开普勒从吉尔伯特那里借来了质量概念。① 在这里，我们已经隐约可以看到牛顿的引力理论与引力质量概念的先驱。

根据吉尔伯特的质量概念，磁石的吸引力总是与该磁石的量或质量成正比，磁石的质量越大，它对其他物体的吸引力就越大。但吉尔伯特并不把吸引力当作是一种超距作用力。他对磁力作为一种活力论解释，认为磁力是某种"有生命的"东西，磁石"正确地……飞快地、确定地、不断地、有方向地、运动地、支配性地、和谐地"发出它的精力。② 由于地球本身是一个巨大的磁体，所以它具有灵魂，这个灵魂就是磁力。"对于我们来说，我们深信整个世界都是有生命的，一切行星、一切恒星以及这个辉煌的地球也是有生命的，我们认为从一开始它们就受它们自己那预定的灵魂的支配，从那些灵魂那儿得到了自我维持的冲力。"③ 对于这个磁性灵魂的看似超距作用的能力，吉尔伯特用磁石射出来的一种精细的磁素来解释。磁素就像一只钩紧的手臂，向外延伸到被吸物体的周围，把它抓向自己。④ 吉尔伯特把这种磁素称为无形的和精神的，但他并不是指它在笛卡儿的意义上是无广延或绝对非物质的，而只指它像稀薄的空气一样格外稀薄。⑤ 由于它是可渗透的，是一种活动性能力，在这个意义上它又不似物质。地球和每一个其他天体都把这样的磁素发射到一定的空间界限，由此构成的周围的无形"以太"便分享那个天体的日旋转绕。⑥ 在这个"以太"蒸汽之外还有一个真空，在那

---

① [美] 爱德文·阿瑟·伯特. 近代物理科学的形而上学基础[M]. 徐向东，译. 北京：北京大学出版社，2004：137.

② Williams Gilbert. On the Loadstone and Magnetic Bodies [M]. Mottelay translation, New York, 1893, p. 349.

③ Ibid, p. 309.

④ Ibid, p. 106.

⑤ Ibid, p. 121.

⑥ Ibid, p. 326.

里太阳和行星由于没有遇到阻力，因此便靠它们自己的磁力运动。①

这里的"以太"不同于笛卡儿的纯几何的机械"以太"，它作为一种媒介，是精神的、无形的，是神，是意志的积极执行者，把这个世界的构架积聚在内聚力、磁力、重力这些现象中。同时，它的影响是有规律的、有序的，因而可以还原为严格的科学定律。② 所有这些思想的最终综合，在牛顿的哲学中起着重要作用。

吉尔伯特关于重力是吸引力的看法属于 17 世纪流行观念之一，但由于吸引力的某些神秘性质，他的观点也并非没有受到质疑。例如，罗伯特·波义耳认为重力也许来源于所谓的地球的"磁蒸汽"，但他也愿意考虑另一种假说，即认为重力来源于空气本身及空气之上的"以太"物质对碰巧处于其下方的任何物体的压力。③ 后一种假设较前一种更加能显示重力的机械论特征。在这一意义上，之后牛顿的引力理论并非一种典型的机械论观点。

开普勒很早就对磁学比较关注，正是在磁学理论的影响下，他将整个重力问题变成了所谓的吸引问题，即不再是像哥白尼论述的那样是物体渴望到达地球，而是地球被认为把物体拉入自己的怀抱。④ 他说："重力是一种把相似（物体）重新结合起来的磁力，它对大小物体都一样，依据物体的质量（moles）而分配，

① ［美］爱德文·阿瑟·伯特. 近代物理科学的形而上学基础［M］. 徐向东，译. 北京：北京大学出版社，2004：136.

② 同上书，139.

③ ［英］赫伯特·巴特菲尔德. 现代科学的起源［M］. 张卜天，译. 上海：上海交通大学出版社，2010：112.

④ 同上书，113.

并且如此获得相应的大小。"① 开普勒同意哥白尼和吉尔伯特的观点，即引力只是对每一个天体而言的，诸行星并不相互吸引。太阳也不吸引行星，万有引力并不存在。但他强调这种引力的能动特征，他认为这种力类似于磁力；认为这种相互的引力之所以能在地球与月球之间发生，是因为它们根本的相似性，所以月球的吸引效力可以传到地球并造成潮汐。②

与托勒密和亚里士多德从不曾把天文和自然哲学放在一起不同，开普勒认为天文学与自然哲学二者具有同构性。开普勒并不是一个亚里士多德学派的人，例如，他并不认为天体的运行轨道是"自然的"圆周运动，他关心行星运动的动力来源和物理原因，同时，开普勒也不是机械学派的一员，因为他并没有告诉我们原子和微观粒子的碰撞和相互作用。他告诉我们的是各种力或能量在这个世界上的存在，并且这些力或能量本质上不是物质的，它们是非物质的，或者说它们是一种精神的力量。③ 开普勒的世界图景是一种新柏拉图式的关于现实的层级观念。最顶层是上帝，最底层是无理性物质。人的灵魂是处于较高层级的精神存在物，具有自由意志和智力，等而下之的是能量和力。它们虽然也是非物质的精神存在，但并不拥有自由意志。例如，光拥有精神力量，但没有自由意志，它遵循一定的定律，这种定律来自上帝的优美数学命令。对于开普勒，推动行星运动的力是一种由太阳发出的并且可以用数学描述的特殊的非物质力。④

我们可以感觉到开普勒关于天文学的形而上学与我们现代所

---

① ［法］亚历山大·科瓦雷. 牛顿研究［M］. 张卜天，译. 北京：北京大学出版社，2010：173.

② 同上书，172.

③ ［澳］舒斯特. 科学史与科学哲学导论［M］. 安维复，译. 上海：上海科技教育出版社，2013：233.

④ 同上书，234.

普遍承认的对于世界的看法是格格不入的，甚至他在去世后不久的 17 世纪就被正统的机械论者所嘲笑。但他的天文学成就却是牛顿万有引力理论的直接来源。当然，牛顿的万有引力理论与真空概念后来也同样遭到像惠更斯和莱布尼茨等人基于相似理由（即牛顿的非机械论观点）的反驳。

尽管把重力作为物质基本属性的经验基础远比把不可入性之类作为物质的基本属性更强，但事实上牛顿依然同伽利略和笛卡儿一样，并没有把重力或者相互吸引力包括在物质的基本属性中。① 在谈到万有引力时，牛顿说道："……假定指向物体的力必须依赖于物体的性质和数量，这是合理的，正如我们在关于磁性的实验中所看到的那样。当这种情况发生时，我们会通过把力分配于物体的每个微粒上，并找到这些力的总和，来计算出物体所受的力。"② 物体所受的引力是组成物体的每个微粒所受引力作用的总和，这事实上取决于物体的质量等于组成物体的、相同数量微粒的每个质量的总和。引力不是物体微粒的基本属性，它的大小可以由质量来进行说明，而它的本质则是某种需要另外解释的相对于物体来说属于外力的事物，这种外力依照固定的法则作用在物体和微粒上而产生引力效应。

这个外力，牛顿将之归于向心力。《原理》的定义 5 写道："向心力是（一种作用），由他物体被拖向、推向或以其他任何方式趋向作为中心的某个点。""这一类力中有重力，由他物体趋向地球的中心；有磁力，由它，铁前往磁石；再有那个力，无论它是什么，由它行星持续被从直线运动上拉回，并被迫在曲线上运动……一个抛物体，如果重力被除去，它不向地球偏折，而沿直线飞入天空，只要空气的阻力被消除。抛物体由于自身的重

---

① ［法］亚历山大·科瓦雷. 从封闭世界到无限宇宙[M]. 邬波涛，张华，译. 北京：北京大学出版社，2003：143.

② 同上.

力从直线路径上被拉回并持续向地球偏折，且其大小依照它自身的重力和运动的速度。它的重力按照物质的量愈小，或者它被抛射的速度愈大，它离直线路径的偏折愈小且前进得愈远。"①

牛顿本人并不承认物质能够发生超距作用，即使对事实的经验确证也不能压倒论证过程中的理性上的不可能。因此他和笛卡儿或惠更斯一样，也曾经试图把引力还原为某种纯机械力的结果，但他的尝试并没有成功。② 这时他选择了与伽利略相同的策略，即悬置形而上学，只把引力当作是一种数学的力，可以对其进行有效的数学处理，就暂时足够了。正如当年伽利略为建立数学运动学而得出落体定律时并没有提出一套重力理论，牛顿也没有必要对导致物体做向心运动的作用力及其产生方式给出一个清晰的解释。③ 牛顿在其《原理》中说道："我们在这里使用'吸引'一词是广义的，是指物体所造成的相互靠近的倾向性。无论这种倾向性来自物体自身的作用，由于发射精气而相互靠近或推移，还是来自"以太"，或空气，或任意媒介，不管这媒介是有形的还是无形的，以任意方式促使处于其中的物体相互靠近。我使用'冲力'一词同样是广义的，在本书中我并不想定义这些力的类别或者物理属性，而只想研究这些力的量与数学关系，正与我先前在定义中所看到的那样。在数学中，我们研究力的量以及它们在任意设定条件下的比例关系；而在物理学中，只要把这些关系与自然现象做比较，以便了解这些力在任何情况条件下对应吸引物体的类型。做完这些准备工作后，我们就更有把握去讨论力的物理类别、原因以及比例关系。"

----

① ［英］牛顿. 自然哲学的数学原理[M]. 赵振江，译. 北京：商务印书馆，2017：3 - 4.

② ［法］亚历山大·科瓦雷. 从封闭世界到无限宇宙[M]. 邬波涛，张华，译. 北京：北京大学出版社，2003：143.

③ 同上书，144.

对于吸引的本性，牛顿在写给理查德·本特利的信（写于《原理》出版五年后）中说道："没有某种非物质的东西从中参与，那种全然无生命的物质竟能在不发生相互接触的情况下作用于其他物质，并且发生影响，这是不可想象的；而如果依照伊壁鸠鲁的看法，重力是物质的基本和固有性质的话，那就必然如此。这就是我为什么希望你不要把重力是内在的这种观点归于我的理由之一。至于重力是物质内在的、固有的和根本的，因而一个物体可以穿过真空，超距离地作用于另一个物体，无须其他任何东西从中参与，以便把它们的作用和力从一个物体传递到另一个物体；这种说法对我来说尤其荒谬，我相信凡在哲学方面有思考才能者决不会陷入这种荒谬之中。重力必定是由某种遵循特定规律的力量所产生的，但这个力究竟是物质的还是非物质的，我却留给读者自己去考虑。"也许正如本特利不得不认为的那样，如果不往物质和运动中添加一些非物质原因的目的论，我们就无法解释这个世界秩序井然的结构，因为单靠原子偶然的无序的运动是不能把混沌无序变成和谐有序的。① 约翰·A. 舒斯特认为牛顿的引力不是自然现象，而是一种概念建构。② 就是说，万有引力不是存在于自然之中等待牛顿来发现的，反之，是牛顿构造了一种理论概念和数学表达式的万有引力。

伽利略关于落体运动的数学物理学与开普勒天体运动的数学定律是牛顿建立万有引力理论的数学形式的理论来源。而万有引力理论一旦建立，哥白尼体系的开普勒天体定律与地球上落体运动的伽利略定律就成为了这一理论的具体推论和应用。牛顿在力学形式上的数学化和在自然哲学上的非机械论观点，使他的理论

---

① ［法］亚历山大·科瓦雷. 从封闭世界到无限宇宙［M］. 邬波涛，张华，译. 北京：北京大学出版社，2003：146.

② ［澳］舒斯特. 科学史与科学哲学导论［M］. 安维复，译. 上海：上海科技教育出版社，2013：410.

成为一种综合了机械论和新柏拉图主义的特殊类型。

二、引力质量及分类

前面我们主要讨论了惯性质量的概念，惯性质量是决定粒子或物体的惯性行为。现在我们将注意力转向决定物质引力行为的引力质量。

每一个物体是一个引力场的源，并反过来受它影响。引力场或"引起"引力的质量的物质源，被称为主动引力质量 m_a，引力吸引的物质物体或受引力影响的质量，被称为被动引力质量 m_p。在许多方面，m_a 和 m_p 可看作相对于电荷的引力类似物，因此有时被称为"引力荷"。在这种三分法之前，质量二分为惯性质量和引力质量，用符号表示为 m_i 和 m_g，这里 m_g 表示 m_a 或 m_p。但即使是这个二分法在 20 世纪之前也罕有人提及。虽然牛顿区分了他对应于 m_i 的"物质的量"（"quantitas materiae""massa"或"corpus"）和"重量"（"pondus"），但他从来没有认为"重量"是引力质量的产物并且加速度为 g。直到大约 1900 年，涉及物理学基础的物理学家和哲学家还常常混淆质量和重量的概念。[①]

当然，虽然大多数 19 世纪的物理学家意识到了质量和重量的不同，但强调区分的明确术语尚未发展出来。这一点从威廉·汤姆森（开尔文伯爵）和彼得·古斯瑞·泰勒（Guthrie Tait）对质量和重量的解释方式中就可以看出。如他们说："无论地球引力如何变化，一个商人只要按其实际称得的重量行事，他用一个天平和一套标准砝码就能将相同质量的同种物质给予他的顾客；而另一个使用弹簧秤的商人则将在高纬度地区欺骗他的客户，而在低纬度地区欺骗他本人，如果他的工具在伦敦被正确地

----

① E Meyerson. Identity and Reality [M]. New York: Dover, 1962.

调整过，因为他的工具取决于恒力而不是恒定质量的重力"。显然，汤姆森和泰勒使用了 m_i 和 m_p，或者至少是 m_i 和 m_g，概念的区分为他们的解释提供了便利。1896 年，查尔斯·路易·德弗雷西从心理学角度解释了重量和质量概念之间的广泛混淆，认为其原因是重量和质量之间的正比关系。①

庞加莱最早明确使用术语来表示引力质量。他于 1908 年写道："质量可以以两种方式定义——首先可定义为力除以加速度的商，这是质量的真正定义，用于表征物体的惯性，其次可定义为某物体根据牛顿定律施加于另一物体上的吸引力。因此我们必须区分惯性系数的质量和引力系数的质量。"②

指出谁是第一个区分 m_a 和 m_p 的人也是很困难的。从邦迪公开发表关于广义相对论中负质量的经典论文开始，这个区别发挥了重要作用。邦迪于 1957 年写道："根据测量方式不同，我们区分三种质量：惯性质量、被动引力质量和主动引力质量。"惯性质量是牛顿第二定律中的物理量，它同时通过该定律被定义（此处必须使用独立于质量的力——例如本性为电磁作用的力）；被动引力质量是引力场作用于其上的质量，由 $F = -m\,\mathrm{grad}\,U$ 定义；主动引力质量是引力场的源，它作为质量在泊松方程和高斯定律中被用到。③

如何在操作上定义 m_p 和 m_a 的问题甚至连专业著作中也很少讨论。④ 然而，它可以通过采用马赫或魏尔对 m_i 的操作定义所使

---

① Max Jammer. Concepts of Mass：in Contemporary Physics and Philosophy [M]. Princeton University Press，1999，p. 91.

② [法] 昂利·彭加勒. 科学与方法 [M]. 李醒民，译. 北京：商务印书馆，2006：178.

③ Max Jammer. Concepts of Mass：in Contemporary Physics and Philosophy [M]. Princeton University Press，1999，p. 93.

④ Ohanian. What is the Principle of Equivalence? [J]. American Journal of Physics 45，1977，pp. 903 – 909.

用的方法得到解决。事实上，马赫提出的作为它们加速度反比的两个物体的质量比的操作型定义，毕竟只是牛顿第三定律的重新表达，且魏尔的定义也仅仅是线性动量守恒定律的重新表达。这样，经典定律的有效性就是所用术语之定义的一个逻辑结果。

如果我们假设牛顿第三定律或动量守恒，那么每一个物体的主动和被动引力质量尽管从概念上来讲不同，但数值上是相等的。反过来说，结合牛顿的引力定律，m_p 和 m_a 之间的相等关系很容易被理解为是牛顿第三定律有效性的一个充分条件。

等式 $m_a = m_p$ 和等式 $m_i = m_p$ 的实验依据将在后面讨论，它可能将引起 m_i、m_p 和 m_a 三分法是否有物理意义的问题，虽然在概念上我们已有正当的理由。实际上，在经典物理学中这种分类是不必要的，因此经典力学标准教科书中通常忽略了这一点。然而在现代的引力理论中，这种三分方法确实存在物理意义。随着不同于爱因斯坦的相对论引力理论的逐渐出现和检验这些理论的高精度实验技术的发展，有必要设计一种超理论或引力理论的大框架，以便于将诸种引力理论进行分类系统地比较，并且探索建立新的引力理论的可能性。①

----

① Max Jammer. Concepts of Mass: in Contemporary Physics and Philosophy [M]. Princeton University Press, 1999, pp. 94 - 95.

第三章　马赫对牛顿质量概念的批判

马赫是连接经典物理学与现代物理学的关键科学家和哲学家，对相对论的产生有直接影响。他对质量概念的批判是促使经典物理学过渡到现代物理，特别是广义相对论和现代场论的重要因素。

马赫基于纯粹经验主义观点对经典物理的批判对爱因斯坦产生了重要影响，是相对论理论产生的重要思想来源。本章概述了马赫基于操作主义的方法来定义质量概念，分析了马赫质量定义的哲学基础，即他的物质理论和空间理论；显示了是马赫把与知觉相关的压力同作用与反作用力一起放在力学的首要位置，并依此定义了质量概念。

第一节　质量概念的操作主义定义及其讨论

尽管使用质量概念是容易的，但给它们一个逻辑和科学上满意的定义是困难的。多数现代教科书的作者将粒子的惯性质量定义为作用于粒子的力 F 与由力产生的粒子的加速度 a 之比，并规定 F 必须是"不依赖于质量的"。这正是基于牛顿第二运动定律 $F = m_i a$ 的定义。这样对质量定义的缺陷在于它的力的概念的使用：因为如果"力"被认为是原初的未被定义的术语，那么这个定义就引入了一个比原来需要解释的事物更难懂的东西；如果"力"是已被定义的，正如通常说的是加速度与质量的乘积，那么这个定义明显是循环的。① 为了解决循环的问题，一些物理学家提出了对惯性质量的操作定义方法。

1927 年魏尔写道："根据伽利略的理论，相同的惯性质量被认为是当两个物体以相同的速度碰撞，它们都不会比另一个跑得更快。"这个陈述构成了"魏尔惯性定义"的第一步。更详细的表述为：相对于一个惯性参考系 S，如果两个粒子 A 和 B 的速度方向相反且大小相等，即 u_A 并且 $u_B = -u_A$，它们发生非弹性碰撞并结合为一个复合粒子 A + B，它的速度 u_{A+B} 为零，那么这两个粒子的质量 m_A 与 m_B 是相等的。这个实验是经常称为"分类测量"的一个例子，这个实验的结果不依赖于速度 u_A 与 u_B 的大小，并且可以推广到任何三个或以上的粒子，将所有粒子分类为相同的类别，那么这个类别的所有成员在质量上都是相等的。如果两个粒子的速度不相等，用 m_{A+B} 表示复合粒子的质量，应用质量和动量守恒原理，即有方程 $m_A u_A + m_B u_B = m_{A+B} u_{A+B} = (m_A + m_B) u_{A+B}$，加上条件 $u_{A+B} = 0$，得到 $m_A/m_B = -u_B/u_A$。因此，对 u_A 与 m_B 的纯粹运动学测量决定了质量比 m_A/m_B。如果选择 m_B 作为质量的标准单位（即 $m_B = 1$），那么粒子 A 的质量 m_A 就确定了。

魏尔称这个质量的定义是作为"物理学概念公式化的一个典型的例子"，顺从了现代科学的特征，与亚里士多德的科学相比，它把定性的定义还原为定量的定义。他引用了伽利略的名言，即物理学家们的任务是"测量能够测量的，并尽力给出什么是不能这样测量的"。魏尔对质量的定义引出了许多问题，其中的哲学问题是：它是否真的是惯性质量的定义，而不仅仅是关于怎样测量这个质量大小的方式。它还可能被问到是否不涉及循环，因为

----

① Max Jammer. Concepts of Mass: in Classical and Modern Physics [M]. Cambridge: Harvard University Press, 1961, p. 9.

假设参考系 S 是一个惯性系是其应用的一个必要条件，但是对于惯性系的定义暗示了力和质量的概念是必不可少的。[①]

更广为人知的质量定义是恩斯特·马赫提出的。魏尔的定义是基于动量守恒的，马赫的定义则是建立在作用与反作用相等的原理上，或者说是建立在牛顿第三定律上的。在马赫的时代，物理学的任务是"事件的抽象定量表述"。物理学家不需要根据目的或隐藏的原因"解释"现象，而只需要给出现象之间的依赖关系的简单但可理解的说明。我们在后面将详细论述，他反对在物理学中使用形而上学概念，并特别批评了牛顿在《原理》中提出的空间与时间概念。关于牛顿的质量定义，马赫认为："关于'质量'的概念，考查牛顿的公式，把质量定义为一个物体的物质的量，并通过它的体积与密度的乘积来测量，这是不幸的。因为我们只能把密度定义为单位体积的质量，循环是显而易见的。"

为了避免牛顿对质量定义的循环以及一些形而上的模糊，马赫建议用操作定义来定义质量。它运用两个物体 A 与 B 之间的动力学相互作用，使它们在同一直线上向相反方向产生加速度。设 $a_{A/B}$ 表示由于 B 的作用 A 所产生的加速度，$a_{B/A}$ 表示 B 的加速度，那么比例 $-a_{B/A}/a_{A/B}$ 是一个独立于物体的位置或运动的正的量，马赫定义它为质量比，即 $m_{A/B} = -a_{B/A}/a_{A/B}$。通过引入第三个物体 C，与 A 和 B 发生相互作用，显示了质量比满足传递关系 $m_{A/B} = m_{A/C} m_{C/B}$，他得到结论：每个质量比是两个正数之比，即 $m_{A/B} = m_A/m_B$，$m_{A/C} = m_A/m_C$，以及 $m_{C/B} = m_C/m_B$。最后，如果它们中有一个物体，比如说 A，被选择作为质量的标准单位（$m_A = 1$），那么其他物体的质量就被准一地确定了。

----

① Max Jammer. Concepts of Mass: in Classical and Modern Physics [M]. Cambridge: Harvard University Press, 1961, p. 13.

马赫将两个相互作用的物体的质量比等同于它们产生的加速度的反比，实质上是通过结合作用与反作用相等的牛顿第三定律与第二定律以达到对力的概念加以消除而实现的。事实上，如果 F_{AB} 是 B 作用于 A 上的力，F_{BA} 是 A 作用于 B 上的力，那么根据牛顿第三定律有 $F_{AB} = -F_{BA}$，而根据第二定律 $F_{AB} = m_A a_{A/B}$ 及 $F_{BA} = m_B a_{B/A}$，因而得到 $m_A a_{A/B} = -m_B a_{B/A}$ 或 $m_{A/B} = m_A/m_B = -a_{B/A}/a_{A/B}$。正如马赫所声明的，质量比 $m_{A/B}$ 是两个惯性质量之比。因而马赫的操作定义是一个惯性质量的定义，他导出了质量概念且没有任何形而上学的来源。①

20 世纪 30 年代后期，马赫的定义受到挑战。因为一旦它不能唯一决定由任意数量的物体组成的动力学系统的质量值，它的应用范围就是非常有限的。彭德斯（C. G. Pendse）在 1937 年、1938 年和 1939 年连续发表了三篇关于牛顿力学中的质量问题的论文。1937 年的论文②分为四个部分，第一部分简要说明了由伽利略和牛顿等人共同在 18 世纪以前建立的经典力学的基本原理，特别是牛顿力学中所关心的抽象的"粒子"概念；第二部分介绍了马赫的质量定义；第三部分从理论的角度对马赫定义进行了检验；第四部分讨论了质量的确定问题。作者指出，尽管经典力学在 17 和 18 世纪就已经基本上被确切地阐述，但对它的基本假设进行批判性检验是从 19 世纪开始，特别是马赫对质量概念进行的详细研究。

众所周知，在牛顿力学关于时空和物质的理论背景下，我们有了绝对空间、绝对时间和质量的基本概念。假设空间是欧几里得几何的，"粒子"是数学上的点，每一个点都被赋予一个称为

---

① Max Jammer. Concepts of Mass：in Classical and Modern Physics［M］. Cambridge：Harvard University Press，1961，p. 15.

② C G Pendse. A Note on the Definition and Determination of Mass in Newtonian Mechanics［J］. Philosophical Magazine，pp. 1012 – 1022.

"质量"的正常数，并以某个单位来定义它。点（或粒子）的位置由参考系 Oxyz 指定，并假设每一个点或粒子都存在唯一一个关于 t（时间）的笛卡儿向量函数，即它的位置向量，它被假定为一个关于 t 的连续函数。我们假定 **OP** 为一个确定的点或粒子的位置向量，并假设 **OP** 是 t 的可微函数，**OP** 的导数就是点或粒子相对于参考系 Oxyz 的速度，**OP** 导数的导数就是点或粒子的加速度。由于有绝对空间假设和点粒子的位置向量假设，我们很容易推导连接相对于两个参考系的点粒子的速度（或加速度）与相对于参考系原点的速度（或加速度）的平行四边形法则，假设其中一个参考系的方向不随时间变化而相对于另一个参考系变化。由此我们可以假设任何一个参考系的方向不随时间变化，而是相对于我们所讨论的参考系中的任何参考系变化，可是，我们可以谈及相对于原点 O 的点的速度（或加速度）。彭德斯认为，正是在这样的空间时间和点粒子的基本假设下，才有了牛顿的三个运动定律；也正是有了牛顿的第二运动定律，才出现质量概念。

按照彭德斯的观点，物体被当作点粒子，"物体的运动"，即动量，是指物体的质量乘以它的速度；运动的变化率即是动量对于时间的变化率。假设质量保持不变，即有（d（mass × velocity）/dt）= mass × acceleration，假设力已经相对于牛顿参考系被正确地规定，我们可以得到 m = F/a；再根据牛顿第三定律，我们可以推出多粒子系统的粒子质量。牛顿把物体的质量定义为物体的体积乘以它的密度，是因为牛顿认为密度是物体的固有属性，这个定义没有经验的和动力学的意义。彭德斯认为，马赫所指的质量的定义包含在牛顿第二和第三运动定律中。马赫的定义具有动力学特征。

在运用第二和第三运动定律推导了马赫的质量定义之后，彭德斯认为马赫关于两个物体或粒子的质量比的定义，只适用于物体相对于参考系形成一个孤立的系统的情况。当系统由两个以上的物体（或粒子）组成时，就有必要从理论的角度考察马赫的定义。彭德斯详细考察了由多个粒子组成的系统中粒子的质量，最后他指出，尽管一个粒子系统中各成员的质量之比可以根据第二和第三运动定律在概念上完全确定，但对于一个牛顿式的观察者想要唯一和准确的确定相互作用的粒子系统成员的质量之比，在下列情况下是不可能的：第一，如果系统有四个以上的例子，假使观察者仅考虑他们的瞬时加速度；第二，如果系统有七个以上的粒子，假使观察者可以任意使用他所选择的多个瞬时加速度。

在 1938 年的论文[①]中，彭德斯进一步考察并表明有马赫定义的两个粒子的质量之比对所有观察者来说并不是都具有相同的常数。他认为，如果存在一个观察者能说一个两个粒子的系统是"孤立的"，并找到它们的质量之比，那么就存在无穷多个观察者，每个人都可以认为这个系统是"孤立的"并给出他们自己的质量之比，正如马赫所定义的，作为正数集合的比率的定义域。也就是说，马赫的定义并不能导致对所有观察者来说都是一样的两个粒子的质量之比。

彭德斯的结论很快受到纳利卡的挑战，[②] 纳利卡根据牛顿的引力平方反比定律，经推导得出 n 个相互作用的有重粒子系统中第 k 个粒子的加速度 $\vec{a}_k$ 满足 $\vec{a}_k = \sum_n Gm_j \vec{r}_{jk} / |\vec{r}_{jk}|^3$，既然所有的加速度 $\vec{a}_k (k = 1, 2, \ldots, n)$ 和所有 $\vec{r}_{jk}$ 都是可测量的，那么"所有质量在这种方法中就成为已知的。"但是应该提到的是，纳利

　　① C G Pendse. A Further Note on the Definition and Determination of Mass in Newtonian Mechanics [J] . Philosophical Magazine xxvii, pp. 51 –61 (1938) .

　　② V V Narlikar. The concept and Determination of Mass in Newtonian Mechanics [J] . Philosophical Magazine (7) xxvii, pp. 33 –36 (1939) .

卡在上述方程中定义的是引力质量，而不是惯性质量。他试图证明这个困难能在马赫的概念框架内通过诉诸于他的经验立场而得到解决，马赫的经验立场说道："物体的质量比是（物体的）物理状态的独立特征，在某些状态下产生相互的加速度，这些状态是电的、磁的或其他的；并且他们坚持这是一样的，不管他们是直接地还是间接地达到。"因而有人可能说相对于它们的相互作用，质量比是不变的，也包括引力相互作用。当然，马赫没有明确地提出这个说法。

马赫的质量定义的另一个严重困难是关于参考系的独立性，即关于相对于此参考系产生的加速度的测量问题。我们回顾一下两个粒子 A 和 B 的质量比 $m_{A/B}$ 如何依赖参考系 S。在相对于 S 以加速度 a 的运动参考系 S' 中，通过定义我们有 $m'_{A/B} = -a'_{B/A}/a'_{A/B} = -(a_{B/A} - a)(a_{A/B} - a)$，得到 $m'_{A/B} = m_{A/B}[1 - (a/a_{B/A})][1 - (a/a_{A/B})] \neq m_{A/B}$（对于 $a \neq 0$）。因而为了得到唯一确定的质量值，马赫——至少是心照不宣地——假设了用于测量产生加速度的参考系是惯性系。但是，这样一个参考系要由匀速直线运动中相对于它的"自由"粒子（即没有外力作用于其上的粒子）运动的状态来定义。如我们已经看到的，这个状态涉及力的概念，而马赫将力定义为"物体的质量值和这个物体产生的加速度的乘积"。因此，马赫的定义涉及逻辑循环。

20 世纪前几十年，马赫的质量定义作为他科学思想中形而上学的合法性例子受到了欢迎，特别是在由摩里兹·石里克（Moritz Schlick）建立的维也纳学派的成员中。逻辑实证主义与科学经验主义者否认康德的先验论，强调物理学基本概念的逻辑分析，常将马赫的质量定义作为一个范例。但 20 世纪 50 年代之后，科学实证主义哲学成为被批评攻击的对象。其中最有说服力的批评家之一是哲学家马里奥·邦格。根据邦格的观点，马赫混淆了"测量"与用定义来"计算"。尤其是方程 $m_A/m_B = -$

$a_{B/A}/a_{A/B}$，它建立了在意义上不同的两个表达的相等——左边表达"相对于物体 B 的惯性的物体 A 的惯性，右边表示纯运动学量——不能作为马赫所主张的定义的意义得到说明。它是数值的而不是逻辑的相等，它没有允许我们消除一边而赞成另一边"①。

类似地，雷纳特·瓦斯纳（Renate Wahsner）和 Horst-Heino von Borzeszkowski 也拒绝马赫的定义，因为基于此定义，质量的"真实本质"不能仅通过定量的测定而得到。正如路德维希·玻尔兹曼早就做过的，他们指责马赫与他的没有履行其适当任务的超经验力学的格言是相矛盾的。马赫的定义——建立在它基础之上的是两个相互吸引的物体之间的相互作用——不能证明是对力学中处理所有物体都是普遍有效的，他宣称的"经验命题"超越了经验，因为它预设了所有的力学原理。近似地，卡姆拉在1996 年关于操作定义的一篇文章中，拒绝承认质量概念由在所有情形中都能以只包含位置、时间与速度（或加速度）概念的运动学语言来定义。他还论证道："马赫的定义不是在适当意义下的定义……（因为）它只对那些刚好碰巧与其他物体相碰撞的物体才给出质量值。那个函数的所有其他值仍然是未确定的。"②

A. Koslow 在马赫的《质量概念：程序和定义》③一文中，认为马赫的质量定义是建立在一个认识论基础上的令人满意的概念，马赫制定了一个取代牛顿概念的程序，它的质量定义是牛顿质量概念的一个可接受的替代品。在 A. Koslow 看来，把马赫的

----

① M Bunge. Mach's Critique of Newtonian Mechanics [J]. American Journal of Physics 34, 1966, pp. 585 – 596.

② A Kamlah. The Problem of Operational Definitions [M]. Konstanz: Universitatsverlag Konstanz, 1996, pp. 171 – 189.

③ A Koslow. Mach's Concept of Mass: Program and Definition [J]. Synthese 18 (1968). pp. 216 – 233.

成就和他关于质量系数的具体建议混为一谈是错误的，马赫质量定义的可行性不仅取决于它更正式的应用，而且还取决于这个概念在他的程序中的适用性。A. Koslow 首先分析了基尔霍夫基于分析传统对力与质量概念的处理，然后详细阐述了马赫基于因果力学传统来试图定义质量概念。

基尔霍夫的力学程序是拉格朗日和拉普拉斯力学程序的延续和改进。它包括三个要求：要求从力学中摆脱那些引起争论的概念，这些概念会损害力学的名声；要求使用最简单、完整的描述；并要求最终对所有类似定律（law-like）陈述的不变性。他认为必须取代把力学定义为力的科学，以及把力描述为产生运动，或倾向于产生运动的东西。在他看来，力学的历史表明，力学科学由许多不明确的东西发展而来的，其中原因和趋势的概念至少要负部分责任。因此，他的解决方案由两部分组成。第一，既然力作为原因或趋势的概念引起了这个问题，那么就应该把它从力学中淘汰。如果"力"一词被包含在力学的术语中，那么谈论力就被看作是一种引起某些方程组的方式。正如他所说，力学的工作不是查明原因，而是描述现象。他的方案的第二部分是对力学中所使用的描述类型的附加限制。他建议在力学中只考虑最简单和最完整的描述。根据他的说法，如果关于仍然没有得到解释的运动没有问题，那么此运动就是完整的。此外，简单性要求必须相对于理论做出，并且会随着科学的进步进一步发展而变换。

A. Koslow 对基尔霍夫关于质量概念的数学处理做了一个简述。基尔霍夫假定任何质点的运动是由拉格朗日的方程描述的，这个方程满足基尔霍夫程序，在任意非奇异变换到直线坐标系下保持不变。每个质点的运动方程中都有一个特定的数值系数，他把这个系数称为粒子的质量。质量的某些经典牛顿特征很容易从他对质量的描述中得到。例如，无论粒子朝哪个方向运动，它的质量都必须是相同的。如果对运动方程稍加修改，使质量系数在不同的方向上是不同的，那么在任意的、非奇异的直角坐标系变换下，运动方程不会发生变化，因此，物体的依赖方向的质量被程序考虑排除在外。基尔霍夫延续了力学的分析传统，因为他应用了拉格朗日运动方程的形式，他利用它们的不变性作为类似定律的必要条件。他把法国分析哲学派的通常正规方法中的质点的质量处理为运动方程的一个数值系数。

与基尔霍夫不同，马赫不赞同物体的质量只是一组相互关联的方程中的一个系数数值。相反，他回到了以牛顿和欧拉为代表的因果力学传统。马赫不仅试图证明质量系数是与物体有关的数值量，而且它们还反映了物体之间因果相互作用的某些重要性质。因此，他仍然坚持认为，在某种意义上，一个物体的质量是一个物体固有的属性，物体的质量是正的，与速度无关的，可相加的，并且与物体的惯性成正比。但他并不是简单地重复牛顿和欧拉的观点。根据马赫的说法，牛顿和欧拉建立的理论体系包含了很多物理上是真实的东西，但也包含了很多哲学上站不住脚的东西，这使得他们的方法不可能被实际采用。在马赫看来，必须以一种令人信服的方式重新阐明这一传统的真理。

这种重新阐述最直接地体现在马赫对牛顿的物质和空间时间概念的批判上。例如，牛顿认为所有的物体都有质量，这意味着所有物体都有一定数量的物质。然而，马赫认为物质本身是一个不合法的科学的概念。同样，牛顿认为所有物体都有惯性，这意味着，在一定的条件下，它们在绝对时间的流逝中，相对于绝对空间，以一种特殊的方式运动或不运动。然而，马赫声称，绝对空间和时间的概念对科学来说也是不合法的。因此，鉴于马赫的科学合法性和科学价值标准，关键的牛顿概念和类似定律的陈述需要批判性的审查。"他写力学不是为了正确地展现其历史，而是为了使牛顿力学正确，不是在历史意义上，而是在科学意义上讨论牛顿的成就。"①

马赫的目标是要摆脱形而上学的晦涩。在"物理上毫无意义"或"缺乏科学意义"的绝对空间中没有办法检测一个物体的行为。牛顿的"物质的量"也是不清楚的，即使用原子的数目来解释，仍然是不能令人满意的，因为原子的概念也是站不住脚的。根据马赫的说法，物质不能被感官所感知，某些诸如物质守恒之类的论断也不属于科学。他认为物质的概念对力学来说是不必要的，因为我们不需要用到它就可以把每一个有科学价值的力学结果都列出来。

A. Koslow 认为，马赫对牛顿的这些批判并非所有都是合理的。他认为马赫力学的合法实体或概念要求单纯的依赖观察概念是一种狭隘的解释做法。马赫的这种理论认为，科学的价值取决于他对该理论的可观察性的重视，而不是该理论的预测力、解释力和组织力等因素。马赫认为牛顿的概念和定律不恰当地描述了事实和规律，他试图为那些他认为在科学上毫无价值的牛顿力学概念寻找替代品，以使得力学的结果尽可能地接近力学的因果传统。根据 A. Koslow，因果传统至少可以追溯到牛顿本人，这一传统试图从个体的内部特性和作用与其上的某些外部因素或原因来解释个体的运动，这里的运动指的是相对于惯性参考系的直角坐标。在 A. Koslow 看来，分析传统与因果传统在概念、原理和问题上的类型上有所不同，这些概念、原理和问题在力学科学中被赋予了突出的作用，不管科学是否有假设基础。

分析传统主要关注的是物体系统的运动，而不是个体的因果行为，它强调的是物理量之间的关系，而不管使用的是哪种坐标系；而因果关系的传统主要关注的是因（力）与果（运动）之

---

① ［美］科恩，等．马赫：物理学和哲学家[M]．董光璧，等译．北京：商务印书馆，2015：13.

间的关系，当它们被称为特殊的坐标系时。力学原理借助于表示物体总能量和总功的表达式来描述，从而使个体对这些总能量和总功的贡献具有辅助和形式化的作用。例如，一个正的常数被叫作物体的质量，并不是因为它是物体惯性的值，而是因为它在表示系统的总动能时起着正式的作用。

因果传统主要由牛顿的影响而形成。通常来说，物体的因果思想传统的因果行为涉及外部和内部因素。牛顿把外部因素等同于作用于物体的总外力，内部因素则是质量或物质的量。这种效应与物体相对于绝对空间上的真实运动相一致。牛顿的质量成为因果传统的典范。根据因果传统，质量是一个物体的固有属性，它是一个正的、恒定的量，它是可相加的，并与物体的速度无关，与物体的惯性成正比。此外，通常认为作用于一个物体的外部原因来自其他物体的存在和运动，而所有物体都是三维延展的实体。

A. Koslow 认为考虑到马赫系数所代表的意义，似乎很难相信马赫能够给因果关系的传统注入新的生命。除了围绕"绝对空间""绝对时间"和"物质的量"等术语的突出作用而存在的明显困难之外，还有其他一些障碍，它们会或应该会使马赫几乎不可能坚持因果关系的传统。诚然，马赫坚持认为力学处理的是具有广延的中等大小的物体，而是没有广延的质点。这在某种程度上回到了牛顿和欧拉的基本原则，但相比认为物体的质量及其惯性是其固有属性的因果观，马赫的观点只是一种更小的回归。牛顿和欧拉都认为，即使宇宙中没有其他物体，物体也有质量和惯性。然而，根据马赫的观点，没有任何可靠的证据可以证明一个孤立的物体有一个固定的质量和惯性值，而不是另一个。

因此马赫关于质量的概念包含了认识论的特征。由于物体的质量是相互产生的加速度的比值，马赫的力学理论保证了在他的认识论异议下质量概念的不适用。尽管如此，但马赫并不认为他关于质量的观点构成对因果传统的背离。因果传统除了表现为把质量归因于孤立的物体外，还有另一面。一般来说，一个物体运动的外部原因可以追溯到其他物体的存在和运动。与此相关的信念是，一个物体的惯性行为是由其来自他物体的力引起的，这是马赫关于因果传统的基本观点，也是之前被忽视的因果传统的另外一面，马赫认为它反映了真理的核心。他试图通过对有关物体因果行为的某些事实进行更好地描述和组织，以使这一观点更加显著。我们在后面对马赫的《论质量的定义》的引用中列出了这些事实和"经验定理"，它也构成了其他学者批判马赫质量的核心。

马赫试图通过经验定义来建构质量、力和惯性的概念，即通过物体相互引起的加速度的比值来定义质量，然后把力定义为质量和加速度的乘积。而对物体加速度的规定涉及惯性参考系的说明，也就是说，惯性参考系反过来又设定了力、质量和惯性的概念。因此，一个对马赫质量概念的通常批判意见是认为他的质量概念是循环的。对于这种批判，A. Koslow 认为是由于未能区分与惯性系有关的两类问题：一类是惯性特征的表征，一类是所有物体都具有这种特性的参考系的特定性。前者属于确定惯性特征的问题，后者属于应用问题。对于第一类问题，马赫认为，对更高精度的要求最终将要求越来越多地考虑环境因素；而对于第二类应用问题，马赫的惯性特征公式是指相邻物体的位置和加速度，这些位置和加速度的参考系仍有待确定。马赫的回答是，地球通常作为一个参考系已经足够好，至于对于更大质量的运动，或要求提高精度，可以使用固定的恒星系统。马赫的经验定理暗示了某些条件的存在，在这些条件下，物体具有的惯性行为，但并没有提供对这些条件的说明。因此，A. Koslow 认为马赫的质量定义不涉及循环。马赫建议用固定恒定系统框架来代替牛顿的绝对时空框架。而这也仅是权宜之计，它的目标是要取消绝对空间的概念，在宇宙中除了经验事实外，不存在其他的属性和关系，但对于马赫来说，一个成功的对牛顿物理的替代品应该保留因果关系的传统。[①]

第二节　马赫的物质理论和质量定义

Erik C. Banks 发表了一篇题为《恩斯特·马赫的"新物质理论"和他的质量定义》[②]（2002 年）的长篇论文。文章重点关注了马赫对质量的定义与他在所处时代思想中更广泛的哲学发展之间的关系，这些思想涉及基本物质理论与时间空间概念的特性。C. Banks 指出，从 1863 年到 1868 年，马赫一直在准备他的新物质理论，这一理论的发展经历了三个主要阶段。第一个阶段是在他早期的两篇关于发射光谱的论文和他为医科学生编写的物理教材《医学生物学概论》（1862—1863 年）中发现了空间"台球"（billiard ball）型原子的缺陷。第二个阶段是他在 1863 年提出了一种"单子论"（monadolody），"单子论"在一定程度上借鉴了赫尔巴特的"可理解空间"（intelligible space）理论和 Gustav Theodor Fechner 对类似于感觉的自然"内在一面"（inner side）的概念。在第三个阶段，马赫消除了这些赫尔巴特式的"单子论"，并在 1866 年的一篇哲学论文中提出了他的元素理论的早期版本。在这里，他制订了一个计划，以消除物理中的空间延展而支持密集的元素（intensive element），他将其比作压力。在 1868 年出版的《关于质量定义》一文中，马赫把压力的概念放在力学的首要位置，尽管他在提议中使用了空间加速度和可称重物体

---

① A Koslow. Mach's Concept of Mass: Program and Definition [J]. Synthese 18 (1968). pp. 216 – 233.

② Erik C Banks. Ernst Mach's "new theory of matter" and his definition of mass [J]. Studies in History and Philosophy of Modern Physics 33 (2002). pp. 605 – 635.

的语言。因此，产生于马赫晚期空间概念中的质量定义，无论如何都不是其早期计划的完成，但它似乎确实是前进了一步。

在第一个阶段，马赫给出了他的关于原子的基本特征：离散性、不可穿透性和对惯性定律的服从。马赫的原子相互施加一种力，这种力随着距离的平方而减小。原子被云状的"以太"所包围，这些"以太"态通过接触力相互排斥。他没有讨论原子内部的力。事实上，马克并不确定原子之间是否存在化学上的差异，也不确定相同原子的不同组合是否会产生化学上的差异。同时，马赫也抱怨说，拟议的将所有物理过程缩减到原子水平的计划还没有完成。之后，他考虑到原子论已经失去了它的作用的可能性，这个假设将让位给一个更深层次的形而上学的物质理论。在《关于质量定义》的最后，他倾向于一种新的理论："我们现在已经熟悉了一系列的物理现象和规律，这些现象和规律是我们在力学和原子理论的观点下尽可能用其基本的方法所接受的。完全严格地将物理定理追溯到几个确切的原理在今天已经不可能了差距仍然太大。对热和光现象，我们至少找到了一个理论的最后一般的轮廓，而且至少这个轮廓是建立在固定的基础上的。我们还没有对电磁现象获得如此深刻的理解。在这些领域有经验规则，在大量的事实中寻找出路，而不是在一个真正的理论中寻找。然而这对于进一步研究是一种刺激，我们希望将实现这一目标，也许是在彻底地重新拟定我们的某些基本物理观点之后实现的。至少电磁力的特性似乎指出了这种转变的必要性。"

在之后的两篇物理学论文中，马赫提出来用更深入的理论取代原子论的尝试步骤。他提出气体的发射光谱可以用气体分子中振动的原子之间的距离来解释。把发射光谱归因于分子而不是原子，因为他认为原子进入分子的组合，从而导致了化学和光谱的差异。气体分子中的原子之间的距离是光谱的原因，而不是原子本身的内部结构。这里，马赫对原子的存在有着明显的怀疑，他把物理现象聚焦于光谱线和距离的可观测事实上。在 1866 年的一篇论文中，马赫认为光是一种原始化学的分离和组合，因为光与物体和溶液发生化学作用。他的想法不仅是把物体比作化学过程，而且把物体内部的化学概念化为类似于光波的过程。同时马赫发现，能量波的传输不仅仅是推断物质构成的一种手段，而且可能它本身就是潜在的物质构成。物质的波动理论本身并不意味着对物质有更深层次的描述，因为物质本身可以以波的形式运动，而不作为波的组成部分。①

马赫在 1863 年的《医学生物学概要》中讨论了血液循环，心、耳和声音的力学，动物热，光感和颜色等。他试图用原子理论，或我们现在所说的分子理论去发展一个一元的物理学理论，并用它来解释生理现象的多样性。马赫认为原子主义只建立简单模型，并非最终和最高的理论，理论本身需要进一步解释。② 我们只能将关于分子和原子的这些概念看作是姑且接受的假设，而非确实存在的事实。马赫注意到，如果以"物质""灵魂"这样的形而上学概念或"原子""功能"这样的推测性结构为来源的话，这些理论不可避免地在物理—生理和心理学之间建立了一堵墙。他试图通过现象学中的一致的确定点和对感知和经验"元素"的介绍，在生理和心理的沟通鸿沟间架起一座桥梁。③

对马赫来说，物理的物体、物质、原子（或粒子）不过是感觉复合的思想符号；实在存在于作为理论概念得以建立之基础的感觉复合之中，而不是存在于概念自身之中。在论及感觉的分析的贡献时，他写道："我常常被引进这个领域里来，这是由于

----

　　① Erik C Banks. Ernst Mach's "new theory of matter" and his definition of mass [J]. Studies in History and Philosophy of Modern Physics 33 (2002). pp. 605 – 635.

　　② [美] 科恩，等. 马赫：物理学和哲学家[M]. 董光璧，等译. 北京：商务印书馆，2015：7.

　　③ 同上书，18 – 19.

我深信，全部科学的基础，尤其是物理学的基础，等着来自感觉的分析做进一步的重要的阐明。"①

马赫的主要动机是分清真知识与假知识断言的界限，他认为知识当然是感觉的，而形而上学则是思辨的，没有可认为是知识的真的断言。之前的科学的确定性建立在传统的形而上学的基础上。对他而言，可以保证可靠性的不是获得的知识，而是获得知识的方法。马赫希望能够用一种新的确定性来揭穿形而上学的教条。马赫认为，科学方法既不是主观的（如形而上学方法那样），也不是客观的（如旧的经验论所主张的那样），而是非个人的（或他称之为"跨主观性"）。马赫追溯了科学观念的形而上学方面和经验方面，他认为形而上学是知识的一个错觉，它典型地把精神和物质的二元论塞进自然界。②

对于马赫，科学不是如它似乎是的那样试图理解世界，而只是描述我们经验到的世界。科学的认识论同样也不是试图理解科学的现象，而只是描述现象。理解不是企图掌握世界，而只是为了帮助我们在这个世界以某种方式进行生活。③ 马赫构想了一种科学经济学原则，即知识的持续积累激励科学家们寻找脑力劳动的减少，达到他们规律结构中的经济学。马赫根据他的非个人性观念对定律和理论的新的再解释是对经验的简洁的描述。他说，科学只不过是精简的描述。因此，定律是产生个别描述性陈述的方法。对马赫而言，当我们知道一个科学定律时，被知道的似乎是一个计算方法，或者说，它也是确定经验世界个别状态的

① E Mach. The Analysis of Sensation and the Relation of the Physical to the Psychical [M]. Chicago and London: the Open Court Publishing Company, 1914.

② [美] 科恩，等. 马赫: 物理学和哲学家[M]. 董光璧，等译. 北京: 商务印书馆, 2015: 104 – 106.

③ 同上书, 108.

方法。①

关于原子是否真正存在的问题，马赫认为，如果它没有进入观察经验，它就不存在，真正的存在只留给要素。他认为，原子的观念作为一个图像功能，对于需要这种图像的人来说，它是有用的。至于是否科学必须接受原子论，马赫认为这个不仅仅取决于原子论是否有启发价值，而且取决于其经济的价值，不应该把原子当作真实存在的东西加以接受，唯一真实存在的要素是感觉的、经验的。② 不同于休谟和罗素那样明确要求把最终的原子的不可简约的地位归于经验要素，马赫并没有坚持把各门科学学科还原为一个简单的和共同的同类感觉的内容，但是它确实坚持在人的经验方面共同的检验标准。马赫理论的要素服从逻辑和数学的排列，它们并不比物理学和生物学的定理和实体更任意和更少真实性。马赫的实证论与逻辑实在论是一致的，正如它与自然主义的一致程度一样大。③ 就科学和哲学在马赫之后的发展状况而言，它已经推行了一种科学的描述的工具主义观点。④

德国哲学家约翰·弗里德里希·赫尔巴特对马赫的物质和空间理论产生了非常重要的影响。1862 年马赫研究了赫尔巴特的"可理解空间"，他写道："我在同一时间忙于心理物理学和赫尔巴特的可理解空间工作，所以我确信空间的直觉与感官组织有密切关系……对于理解来说，像空间和任何维度的关系是可以想象的。"康德在他的《未来形而上学导论》中曾经明确规定过，不要将空间属性扩展到与感知无关的世界。马赫把这一点做得更加

----

① ［美］科恩，等. 马赫：物理学和哲学家［M］. 董光璧，等译. 北京：商务印书馆，2015：117.

② 同上书，119.

③ Ralph Barton Perry. Present Philosophical Tendencies ［M］. New York：Longmans & Green，1912，pp. 78 - 79.

④ Ibid，p. 136.

深入。对于赫尔巴特将空间限制在三维流形上的说法，马赫予以驳斥。他指出，这个限制是心理上的，而不是逻辑上的。将三维性的心理特征扩展到物理空间上，可能会暴露出形而上学的错误，同时他希望消除"空间原子"的假说。①

马赫关于心理物理学和他的空间理论是与它的物质理论密切相关的。关于原子的特性，他说："我们如何考虑这些原子呢？彩色的、亮的、响的、硬的？这些都是感觉的性质，原子之间只有共同存在。因为所有的物理现象都是由多个原子产生的，我们不能把这些性质仅仅归因于一个原子。我们甚至不能认为原子在空间上是延展的。因为正如我们所看到的那样，空间并不是原始的，它很有可能是由众多的我们之间接的相互作用所产生的结果。物理学家也已经感受到了将原子具体地想象出来的困难，因此一些人认为原子仅仅是'力的中心'。"

马赫 1866 年在费希特的《哲学杂志》上发表了关于空间表象的一篇文章 Ueber die Entwicklung der Raumvorstellungen。在这里，物体被完全分解成质（qualities）和它们的函数关系。马赫将空间延展的物质分析为组分压力（constituent pressures）。其中，他写道：②

> 现在，我认为，我们在空间表象的范围上还能够更进一步，从而达到我将称其全体为物理空间的表象。
> 在这里，批判我们的物质概念不可能是我的关注之点，实际上人们普遍感到这些概念的不充分性。我将使我的思想变清楚。于是让我们想象不同状态能够在其内

---

① Erik C Banks. Ernst Mach's "new theory of matter" and his definition of mass [J]. Studies in History and Philosophy of Modern Physics 33 (2002). pp. 605–635.

② [奥] 恩斯特·马赫. 能量守恒原理的历史和根源[M]. 李醒民，译. 北京：商务印书馆，2018：75–76.

发生的物质背后（unter）的某种事物；为简单起见，比如说在其中能够变得较大或较小的压力。

物理学长期忙于把两个物质粒子的相互作用即相互吸引（相反的加速度、相反的压力）表达为它们的相互距离的函数——因此是空间关系的函数。力是距离的函数。但是现在，物质粒子的空间关系实际上只能够借助它们相互施加的力来辨认。

于是物理学首先并不力求物质各种片段的基本关系的发现，而是力求从其他已经给出的关系推导关系。现在，在我看来似乎是，在自然界中力的基本定律不需要包含物质片段的空间关系，而仅仅必须陈述物质片段的状态之间的依赖。

如果一旦已知在整个宇宙的物质部分的空间中的位置及其作为这些位置的函数的力，那么力学将能够完备地给出他们的运动，也就是说，它能够使所有位置变得在任何时刻都可以找到，或者能够记下作为时间函数的所有位置。

但是，当我们思考宇宙时，时间意味着什么呢？这个或那个是"时间的函数"意味着，它依赖于振动的摆的位置，依赖于转动的地球的位置等等。这样一来，"所有的位置是时间的函数"意味着，对宇宙而言，所有的位置相互依赖。

不过，由于物质部分在空间中的位置，只能够用他们的状态来辨认，我们也能够说，物质部分的所有状态相互依赖。

因而，我记住的，同时自身包含时间的物理空间，无非是现象的相互依赖。能够了解这种基本依赖的完备的物理学，对空间和时间的特殊考虑不会有更多的需要，因为可能已经把这些最近的考虑包含在先前的知识中。

　　这篇文章与质量的定义有关。马赫提出接触力（碰撞中最终归于惯性质量和速度的平方）和压力（归因于基本力，即重力的吸引，与质量和吸引物质之间的距离成比例），都可以被规定为同一类的"压力"。马赫通过想象物理学中所有压力状态都可以被规定为另一个作为空间、时间和可称重物体（马赫认为可以消除）形式的基础完全抽象的相互依赖的函数。因此，在马赫的这项计划中，有关物质在空间中运动的所有看似异质的概念之间的所有关系，都可以用物质的压力及其函数表达出来。①

　　马赫把压力连同作用与反作用力一起放在力学的首要位置。1868 年，在卡尔（Carl）的《参考资料》第四卷，马赫发表了一篇短文《论质量的定义》，这是他研究质量概念的最初的论文，我们全文引用如下②：

　　　　力学的基本命题既不完全是先验的，也不能完全借助经验来发现——因为无法做出充分数量的和充分精确的实验，这种状况导致对这种基本命题和概念的特例不科学的处理。很少足够区分和明确陈述什么是先验的、什么是经验的和什么是假设的。

　　　　现在，我们只能设想，对力学基本命题的科学阐述是这样的：人们把这些定理视为经验强加给我们的假设，人们此后表明这些假设的细节如何会导致与最佳确

　　① Erik C Banks. Ernst Mach's "new theory of matter" and his definition of mass [J]. Studies in History and Philosophy of Modern Physics 33（2002）. pp. 605 – 635.

　　② ［奥］恩斯特·马赫，能量守恒原理的历史和根源［M］. 李醒民，译. 北京：商务印书馆，2018：66 – 71.

立的事实相矛盾。

在科学研究中，作为先验自明的，我们只能考虑因果律或充足理由律，而充足理由律仅仅是因果律的另外一种形式。没有一个自然研究者怀疑，在相同的环境下总是导致相同的东西，或结果完全由原因决定。可能依然无法决定的是，因果律是基于强有力的归纳呢，还是在心理组织中有它的根据呢（因为在心理生活中，相同的环境也有相同的后果）。

在研究者的手中的充足理由律的重要性，被劳克修斯关于热力学的工作与基尔霍夫关于吸收和反射关联的研究证明了。借助这个定理，训练有素的研究者在他的思维中使自己习惯于与自然在它的作用中具有相同的确定性；于是，本身不是非常明显的经验通过排除是矛盾的一切，足以发现与所说的经验相关的十分重要的定律。

现在，人们通常不十分谨慎地断言，命题是及时自明的。例如，往往把惯性定律描述为这样的命题，仿佛它不需要经验证据。事实是，它只能从经验中成长出来。如果质量相互之间不给予加速度，比如说却给予依赖于距离的速度，那么就不可能存在惯性定律；但是，唯有经验告诉我们具有事物的这个状态还是那个状态。如果我们仅仅具有热的感觉，那么只会在均等的速度，它们与温度差一道变为零。

人们能够谈论质量的运动："每一个原因的结果持续存在。"恰如正确地谈论相反的东西一样："中止原因便终止结果。"这只不过是词语的问题。如果我们称合成速度是"结果"，则第一个命题为真；若我们称加速度为结"结果"，则第二个命题为真。

人们也尝试先验地演绎力的平行四边形定理；但是，他们总是必须隐含地引入假定：力是相互独立的。然而，由此整个推导变成多余的。

现在，我将阐释我用一个例子谈论什么，并将表明我如何思考能够非常科学地发展质量概念。在我看来似乎是，这个一般感到很美妙的概念的困难在于两个前提条件：（1）不适当的安排力学的头一批概念和定理；（2）不声不响地越过处于演绎基础的重要预设。

通常人们定义 $m = p/g$，再定义 $p = mg$。这或者是十分令人讨厌的循环，或者对人们来说必须构想力是"压力"，后者不能避免，倘若像习惯的那样，静力学先于动力学。在这种情况下，定义力的大小和方向的困难是众所周知的。

牛顿原理通常处于力学的开头，他这样写道："每一个作用都有一个相等的反作用，或者两个物体之间的相互作用总是相等的，而且指向相反。"在这个原理中，"作用"再次是压力，或者该原理是完全不可理解的，除非我们已经具有力和质量的概念。但是，在今日的真正动学的力学的开头，压力看来是十分奇怪的。不管怎样，能够避免这一点。

假如仅有一种类型的物质，那么充足理由律可以充分地使我们能够觉察，两个完全相似的物体只可能相互给予相等而相反的加速度。这是完全由原因决定的一个结果和唯一的结果。

现在，我们假定力的相互独立性，那么很容易产生下述结果，由 m 个物体 a 组成的物体 A，处在有 m' 个物体 a 成的物体 B 面前。假设 A 的加速度是 φ，B 的加速度是 φ'，于是我们有 φ: φ' = m': m。

　　如果我们说，若物体 A 包含 m 倍物体 a，则它具有质量 m，那么这意味着加速度随质量变化。

　　要通过实验找到两个物体的质量比，我们容许它们相互作用；当我们注意加速度的符号时，我们得到 $m/m' = -(\varphi'/\varphi)$。

　　如果把一个物体看作是质量的单位，那么计算就能够给出另外一个物体的质量。现在，没有什么东西妨碍我们把这个定义应用于两个不同物质的物体相互作用的实例。只是我们不能先验地知道，当我们顾及为比较起见而使用其他物体和其他力时，我们是否没有得到一个质量的另外值。当发现 A 和 B 在化学上按照它们的重量的比率 a:b 组合时，A 和 C 如此按照它们的重量比率 a:c 组合时，还是预先不能知道 B 和 C 按比率 b:c 组合。只有经验能够教导我们，对第三个物体其行为像相等质量的两个物体，其相互之间的行为也将像相等质量一样。

　　若是一块金与一块铅相对，则充足理由律完全舍弃我们。我们甚至无法为预测相反的运动辩护：两个物体可能在相同的方向加速。于是，质量会导致负质量。

　　但是，对第三个物体其行为像相等质量的两个物体，相对于任何力它们相互之间的行为也像这样的，这是很可能的，因为相反的东西不会与迄今发现的正确的功守恒定律取得一致。

　　想象在绝对光滑和绝对固定的圆环上可运动的三个物体 A、B 和 C。物体以任何力相互作用。进而，一方面 A 和 B 二者，另一方面 A 和 C，相互之间的行为像相等的质量一样。于是，在 B 和 C 之间，相同的行为也必定有效。例如，若 C 对 B 的行为像较大的质量对较小的质量的行为，而且我们给 B 以箭头方向的速度，则它通过碰撞把这个速度完全给予 A，A 又把它完全给予 C，于是，C 就会把较大的速度传给 B，并在某种程度上保持它自身。接着，随着在箭头方向的每一次旋转，圆环的活动会减少；如果原初的运动处在与箭头方向相反的方向，那么会发生相反的情况。但是，这能够与迄今已知的事实处于突出的矛盾之中。

如果我们如此定义质量，那么没有什么东西妨碍我们保留作为质量和加速度之积的力的旧定义。于是，上面提及的牛顿定律变成纯粹的恒等式。

由于所有物体从地球接受相同的加速度，我们在这个力（它们的重量）中具有它们的质量的方便的量度，可是再次只是在两个假定的情况下：对地球其行为像相等质量的物体相互之间的行为也是如此，而且相对于每一个力也是这样。因而，在我看来，力学定理的下述安排似乎是最科学的。

经验定理——彼此相对相处的物体在它们连线方向的相反方向上相互传递加速度。惯性定律包含在这个经验定理内。

定义——相互传递相等而相反的加速度的物体，被说成具有相等的质量。我们通过用一个物体本身获得的加速度去乘去除它给予我们把其他物体与之比较的，并选择作为单位的物体的加速度，我们便达到了这个物体的质量值。

经验定理——当它们相对于其他力和一个比较的物体被决定，而比较的物体的行为对于第一个物体相等的质量时，质量值依然不变。

经验定理——许多质量彼此传递的加速度是相互独

立的力。平行四边形定理包含在这个经验定理内。

定义——力是物体的质量值和传递给那个物体的加
速度之积。

马赫对质量的定义不是对牛顿"物质的量"的细化，而是
提出了质量比的一个新概念。在这篇文章中，我们发现压力起了
主要作用。按照马赫的意思，压力是由质量引起的力，而不是指
单位面积上的力。马赫认为，质量相互引起压力的经验命题将通
过施加测试压力来验证。作为一个经验主义者，马赫意识到，各
种性质基本力都可以表现为压力，压力可以是电的、磁的，以及
接触力。马赫相信压力是很容易证明的经验数据。

牛顿是第一个把质量从重量中分离出来的人，质量和重量成
正比，因为实验中物体的两倍重量提供两倍的加速度阻力。但同
样的质量在其他行星上可能有不同的重量，因为它们的引力不
同，而惯性质量不变。但对于马赫而言，单个的质量值是不存在
的，质量值是链式系统的结果。说质量在某一事件中没有变化，
并不意味着它的质量与之前一样，只是说所有的比率保持不变，
一种系统的关系不变。质量是由动量守恒碰撞系统构成的，它们
可以被包含在狭义相对论中。上文中，马赫的第一个经验定理实
际上相当于假设的牛顿万有引力定律，因为它包含了所有质量相
互吸引并加速的知识。马赫认为，牛顿实际上是通过连接质量及
其伴随的压力而达到他的"物质的量"的定义的，而不是先分
开它们再通过人为引入力的术语而连接它们的。① 关于万有引
力，牛顿认为物质产生的每一个引力单位都是由于每一个难以分
辨的物质微粒相互吸引而产生的，而物质的总引力则是由所有微

----

① Erik C Banks. Ernst Mach's "new theory of matter" and his definition of mass
[J]. Studies in History and Philosophy of Modern Physics 33 (2002). pp. 605–635.

粒（即"物质的量"）相互吸引而产生的。根据马赫的理论，物体的质量和引力具有相同的特征。

马赫在他的《力学及其发展的批判历史概论》中写道："对牛顿而言，由于它的特殊发展，质量，作为物质的量的概念在心理学上是十分自然的概念。……就力的概念来说，情况也一模一样。但是，力似乎与物质结合在一起。而且，鉴于牛顿赋予一切物质粒子以严格等价的万有引力，鉴于他认为这种力作为组成天体的个体粒子的力之和是由天体相互施加的，因此很自然，这些力似乎与物质的量不可分离地结合在一起。……而且，看到这样的物质可以分为均匀的部分，其中每一部分都呈现恒久的特性复合，这诱使我们形成在量上不变的某种实物的概念，我们称其为物质（matter）。……物质的量作为一个整体证明是恒久的。不过，严格地看，使我们关心的是和物体具有特性恰好同样多的实物的量，除了体现物体的几个特性——质量只是其中一个特性——的关联恒久性的功能以外，留给物质的没有其他功能。"①

马赫接着列举说明了在地球表面的同一地点，物体的质量可以用它的重量来量度。他的说明如下："让我们假定物体静止在支撑物上，它以它的重量对支撑物施加压力。明显的推断是，2 或 3 这样的物体，或者这样的物体 1/2 或 1/3，将产生相应的 2、3、1/2 或 1/3 倍大的压力。如果我们想象下降的加速度增加、减少或完全消除，那么我们期望，压力也将增加、减少或完全消除。于是，我们看到，可以归因于重量的压力随'物质的量'和下降加速度的量值一起增加、减少和完全消失。以可以想象的最简单的方式，我们认为压力 p 在量上可以用物质的量 m 和下降的加速度 g 之积即 $p = mg$ 来描述。现在，设想我们有两个物

----

① ［奥］恩斯特·马赫. 力学及其发展的批判历史概论[M]. 李醒民，译. 北京：商务印书馆，2014：245.

体，它们分别施加重量压力 p、p'，我们把'物质的量' m、m' 归因于它们，并使它们受到下降加速度 g、g'；于是，$p = mg$ 和 $p' = m'g'$。此时，如果我们能够证明，与物体的物质的（化学的）构成无关，在地球表面上的每一个相同的点 $g = g'$，那么我们将获得 $m/m' = p/p'$；也就是说，在地球表面的同一地点，都可以用重量量度质量。"①

马赫认为，牛顿的最重要的成就是对"作用与反作用相等"定律及压力与反压力相等定律的明晰而普遍的阐述。他认为，当我们尝试在动力学上使用作用与反作用相等原理时，质量概念的难以清楚辨认就获得十分明显的形式。他写道："牛顿对于质量和反作用原理的各种阐明连贯地围绕在一起，他们相互支持。处于他们基础的经验是：本能的知觉压力和反压力相关；辨认出物体为了改变与它们的重量无关的速度呈现阻力，观察到较大重量的物体在相等的压力下收到较小的速度。"②

在专门进行了"反作用原理讨论和阐明"之后，马赫给出了"反作用原理和质量概念的批判"，部分内容如下：

1. ……我们将使我们自己主要限于这一点，限于考虑质量概念和反作用原理。在这样审查时不能把二者分开。在它们之中包含牛顿成就的要旨。

2. 首先，我们没有发现，"物质的量"的表达适合于说明和阐明质量概念，由于这个表达本身不具有所需要的明晰性。即使我们像许多作者所做的那样，追溯到假设原子的细目，情况也是如此。我们在这样做时，只能使站不住脚的概念复杂化。即使我们把若干相等的、

① [奥] 恩斯特·马赫. 力学及其发展的批判历史概论 [M]. 李醒民, 译. 北京：商务印书馆，2014：245-246.

② 同上书，250.

化学上同质的物体放在一起，倘若这是理所当然的话，我们也不能把某种明晰的观念与"物质的量"联系起来，而我们觉察到的还是，物体给予运动的阻力随这种量而增加。但是，我们一旦设想化学异质性时，假定还存在可用同一标准度量的某种东西、我们称之为"物质的量"的某种东西，就可能受到力学经验的暗示，可是无论如何它是一个需要加以辩护的假定。因此，当我们就因重量而产生的压力与牛顿一致做出假定 $P = mg$、$p' = m'g$，并依照这样的假定提出 $p/p' = m/m'$ 时，我们实际上在这样完成的操作中使用了还没有加以辩护的假定，即不同的物体可以用同一标准量度。

事实上，我们可以任意安置 $m/m' = p/p'$；即可以把质量的比率定义为当 g 相同时，因重量而产生的压力的比率。但是，我们接着不得不证明，在反作用原理和在其他关系中使用这种质量概念有根据。

3. 把两个在各个方面完全相等的物体相互对置，与对称性原理一致，我们期待他们将在它们连线的方向上产生大小相等和方向相反的加速度。但是，如果这些物体显露形状、化学构成的任何差异——不管这种差异多么微小、或者在任何其他方面是不同的，那么对称原理都会离开我们，除非我们预先假定或知道形状的同一性或化学构成的同一性，或者所述的东西可能是别的无论什么并不是决定性的。不管怎样，如果力学经验清楚地和毋庸置疑地表明，在特殊的和独特的性质的物体中存在确定的加速度，那么就没有什么东西妨碍我们任意地确定下属定义：所有具有相等质量的、相互作用的物体，彼此产生大小相等、方向相反的加速度。

在这个定义中，我们仅仅指定或命名了事物的实际关系。在一般的实例中，我们类似地进行。物体 A 和 B 作为它们相互作用的结果分别受到加速度 $-\varphi$ 和 $+\varphi'$，在这里加速度的指向由符号表示。我们于是说，B 具有 φ/φ' 倍的 A 的质量。如果我们采用 A 作为我们的单位，那么我们就把给予 A 的 m 倍加速度的质量 m 归于那个物体，该加速度是 A 在反作用中给予它的。质量的比率是对应的加速度的负反比。这些加速度总是具有相反的符号，因此按照我们的定义只有正质量，这是实验告诉我们的，而且唯有实验才能告诉我们的要点。在我们的质量概念中没有包含理论；"物质的量"在质量概念中是完全不必要的；它包含的一切就是事实的严格的确立、标示和命名……

5. 当质量概念以刚才详细阐述的方式达到时，使得反作用原理的特殊阐述变得不必要了……如果两个质量 1 和 2 相互作用，那么我们的质量定义本身断定，他们相互给予相反的加速度，加速度彼此之间分别是 2：1。

6. 在重力加速度不可能变化的地方，能够用重量量度质量，这个事实也可以从我们的质量定义中演绎出来。我们能够立即感觉到压力的任何增加或减少，但是这种感觉仅仅向我们提供不精密的和不确定的压力量值。压力的精密的和有用的量度出自这样的观察：每一个压力都可以用若干相似的和可公度的重量的压力代替。每一个压力能够用这种类型的重量的压力平衡……从我们的定义看，在不求助或参照"物质的量"的情况下，质量能够用重量量度的事实是显而易见的。

7. 因此只要我们在物体中觉察由加速度决定的特殊性质的存在——经验把我们的注意力引向该事实，我们关于他的任务随着这个事实的辨认和毫不含糊地指明而终结。超越对这个事实的辨认，我们将一无所获，每一次超越他的冒险只会产生晦涩。一旦我们使自己弄清楚在质量概念中没有包含无论什么类型的理论，而仅仅包含经验事实时，所有的担忧都一扫而光。①

彭加勒对 19 世纪末 20 世纪初的物理学革命起到了直接的推动作用。在马赫、卡利努和赫兹的影响下，他对经典力学的基本概念和基本原理（诸如绝对时间和绝对空间、力、惯性定律、加速度定律等）进行了批判。按当时的现象，英国人通常把力学当作实验科学来讲授，而欧洲大陆总是或多或少地把力学作为演绎的和先验的科学来讲述。彭加勒认为这种看似矛盾的现象主要原因在于：有关力学的专著没有明确区分什么是实验、什么是物理数学推理、什么是约定、什么是假设。② 关于经典力学的基本概念和原理，他写道：

　　1. 没有绝对空间，我们能够设想的只是相对运动；可是通常阐明力学事实时，仿佛绝对空间存在一样，而把力学事实归诸绝对空间。

　　2. 没有绝对时间，说两个持续时间相等是一种独立毫无意义的主张，只有通过约定才能获得意义。

　　3. 不仅我们对两个持续时间相等没有直接的直觉，而且我们甚至对发生在不同地点的两个事件的同时性也没有直接的感觉：我们在《时间的测量》一文中已经说明了这一点。

----

① ［奥］恩斯特·马赫. 力学及其发展的批判历史概论［M］. 李醒民，译. 北京：商务印书馆，2014：268–274.

② ［法］昂利·彭加勒. 科学与假设［M］. 李醒民，译. 商务印书馆，2006：79.

4. 最后，我们的欧几里得几何学本身只不过是一种语言的约定；力学事实是可以根据非欧几里得的空间阐述的，非欧几里得空间虽说是一种不怎么方便的向导，但它却像我们通常的空间一样会合理；阐述因而变得相当复杂，但是它依然是可能的。

于是，绝对空间、绝对时间几何学本身并不是强加在力学上的条件；就像语法在逻辑上并不先于人民用语法表述的真理一样，所有这一切东西也不先于力学。

约定论（convetionalism）是彭加勒科学哲学的主要观点，是他通过对数学基础进行批判性的审查和分析而提出来的。他指出，几何学公理即非先验综合判断，亦非经验事实，它们原来都是约定。物理学尽管比较直接地以实验为基础，但是它的一些基本概念和基本原理也具有几何学公理那样的约定特征。但同时，他也反对把约定在科学中的作用恣意夸大，以致说定律、科学事实都是科学家的创造。① 彭加勒认为，提升为约定的公理或原理不再受实验检验，他们无所谓真假。彭加勒根据此理论分析了惯性定律、加速度定律、力等经典物理学的基本概念，在分析加速度定律时，他通过讨论力、质量概念的历史和本质来阐明他的理论。我们部分引用如下：

什么是质量呢？根据牛顿的观点，质量是体积与密度之积。按照汤姆逊和泰特的观点，最好说密度是质量除以体积之商。什么是力呢？拉格朗日回答说，力是使物体运动或企图使物体运动的东西。基尔霍夫则说，力

---

① ［法］昂利·彭加勒. 科学与假设［M］. 李醒民，译. 商务印书馆，2006：18.

是质量与加速度之积。但是，为什么不说质量是力除以加速度之商呢？

这些困难是无法解决的。

当我们说力是运动的原因时，我们是在谈论形而上学，人们若满足这个定义，肯定毫无结果。要使一个定义有任何用处，它必须告诉我们如何测量；而且，这就足够了；它根本没有告诉我们力本质上是什么，或者它是运动的原因还是运动的结果。

因此，我们必须首先定义两力之相等，我们什么时候才可以说两力相等呢？我们被告知，只有当它们施加于相同的质量，使之产生相同的加速度时，或者当他们彼此直接相反从而出现平衡时。

……

因此，在定义两个力相等时，我们不得不引入作用与反作用相等原理；由于这个原因，这个原理必须不再被认为是实验定律，而是一个定义。

……但是，正如我已说过的，第三个法则是实验定律；它仅仅是近似真实的；它是一个拙劣的定义。

因此，我们被迫回到基尔霍夫的定义，力等于质量乘以加速度，这个"牛顿定律"本身不能认为是实验定律，它仅仅现在是定义而已。但是，这个定义也不充分，因为我们不知道质量是什么。它无疑使我们计算在不同时刻施加在同一物体上的两个力的关系；但它无法告诉我们施加在两个不同物体上的两个力的关系。

为了完善这个定义，必须重新返回到牛顿第三定律（作用与反作用相等），再次认为它不是实验定律，而是一个定义。

……

假使只有物体 A 和 B 在场，它们不受世界上其余物体的作用，那么这个定义便是十分完好的。可是情况根本不是这样；A 的加速度不仅仅是由于 B 的作用，而且也是由于其他物体 C、D……的作用。为了运用前面的法则，因此必须把 A 的加速度分解为许多分量，并辨认这些分量中的哪一个是由于 B 的作用。

……

因此，如果我们假定任何两个物体相互吸引，它们的相互作用沿着它们的连线，而且仅取决于它们相间隔的距离；一句话，如果我们假定有心力假设，那么这种分解也是可能的。

……

于是，我们正在测量的不是作为力与加速度之比的质量，而是引力质量；它不是物体的惯性，而是它的引力。

……

假如如此，我们通过观察天体的相对运动，仍然可以测量这些天体的质量。

可是我们有权利承认有心力假设吗？这个假设严格正确吗？他肯定能永远不会与实验矛盾吗？谁敢肯定这一点呢？如果我们必须抛弃这个假设，那么如此辛苦建造起来的整个大厦就要崩溃了！

我们不再有权利说 A 的加速度的分量是由于 B 的作用。我们无法把它与由于 C 和另外的物体的作用而产生的加速度区别开来。测量质量的法则变得不能应用了。

作用与反作用相等原理还留下什么东西呢？如果舍弃了有心力假设，这个原理显然应该如下阐述：施加于所有外部作用隔离的系统中的各物体上的几何合力将为零。或者，换句话说，这个系统重心的运动将是匀速直线运动。

我们似乎有办法定义质量，重心的位置显然取决于质量所具有的值。有必要以这样的方式安排这些值，使重心的运动可以是匀速直线运动；如果牛顿第三定律是真实的，这将总是可能的，一般来说，这只有在一种方式下才可能。

但是，不存在与所有外部作用隔离的系统；宇宙的各个部分都或多或少地受到所有其他部分的作用。重心运动定律只有应用于整个宇宙时才是严格真实的。

但是，为了由此得到质量的值，有必要观察宇宙重心的运动。这个结果的荒谬是显而易见的；我们只知道相对运动；宇宙重心的运动对我们来说依然是永远不可知的。

因此，什么东西也没有留下来，我们的努力毫无结果；我们被迫退到下述定义，这只不过是一个无能为力的声明，质量是为计算方便而引入的系数。

我们能够通过把不同的值赋予所有质量而重建全部力学。这种新力学既不会与经验相矛盾，也不会与动力学的普遍原理（惯性原理、力与质量和加速度成正比、作用和反作用相等以及重心的匀速直线运动、面积原理）相矛盾。①

----

① ［法］昂利·彭加勒. 科学与假设［M］. 李醒民，译. 商务印书馆，2006：85－89.

第四章　狭义相对论中的质量概念

第一节　狭义相对论观点下的质量概念

质量的概念与整个物理学理论是紧密相关的，由于狭义相对论排除了任何涉及重力现象的考虑，因而本章讨论的质量指的是惯性质量。

在回顾了那些将会被相对论修正的关于动量守恒及牛顿质量的经典概念之后，雅默提出把质量的相对论概念发展过程区分为三个不同的阶段，它们分别涉及爱因斯坦、路易斯和托尔曼，以及闵可夫斯基这些人名。① 在爱因斯坦的历史性论文《运动物体的电动力学》中，他发展了考虑电动力学条件下质量依赖于速度的概念。论文的动力学部分建立了洛伦兹变换方程，他在"电动力学部分"（第二部分）考虑了电荷为 e 和质量为 m_0 的粒子的运动，称粒子的质量"像它的运动一样缓慢"。在题为"缓慢加速电子的动力学"部分，爱因斯坦获得了如下等式

① Max Jammer. Concepts of Mass: in Classical and Modern Physics [M]. Cambridge: Harvard University Press, 1961, pp. 158 – 165.

$$m_0 \frac{d^2 x}{dt^2} = eE_x$$

$$m_0 \frac{d^2 y}{dt^2} = eE_y \qquad (4-1)$$

$$m_0 \frac{d^2 z}{dt^2} = eE_z$$

它们描述了带电粒子在相对于参照系 R 由静止到运动的转换。为了找到相对于 R 初始速度为 v 的粒子的运动定律，爱因斯坦考虑到从相对于 R 以速度 v 运动的系统 R' 的观点的情形。在这个系统 R' 中，情形等同于从静止到运动转换（R 中）的前一种情况。根据相对论原理

$$m_0 \frac{d^2 x'}{dt'^2} = eE_x'$$

$$m_0 \frac{d^2 y'}{dt'^2} = eE_y' \qquad (4-2)$$

$$m_0 \frac{d^2 z'}{dt'^2} = eE_z'$$

作为从 R' 中观察的粒子的质量，依然是一个缓慢运动的粒子，并且根据相对论原理必须等于 m_0。借助洛伦兹方程，前述的方程现在可以变换到 R 的坐标系，对于沿着 O_x 方向的运动，得到

$$m_0 \gamma^3 \frac{d^2 x}{dt^2} = eE_x'$$

$$m_0 \gamma^2 \frac{d^2 y}{dt^2} = eE_y' \qquad (4-3)$$

$$m_0 \gamma^2 \frac{d^2 z}{dt^2} = eE_z'$$

式中，$\gamma = (1 - v^2/c^2)^{-1/2}$。既然方程（4-3）右边部分"是作用于电子的有质动力的力的组成部分，并且作为以电子相同的速度

与电子在那一刻运动的系统中所观察的，是如此真实"，与传统公式质量×加速度 = 力对比，可以得出纵质量等于 $\gamma^3 m_0$，横质量等于 $\gamma^2 m_0$，即

$$\text{Longitudinal mass} = \frac{m_0}{(1 - v^2/c^2)^{3/2}} \qquad (4-4)$$

$$\text{Transverse mass} = \frac{m_0}{(1 - v^2/c^2)} \qquad (4-5)$$

爱因斯坦评论说，"对于力和加速度的不同定义，我们自然将获得质量的不同数值"，这清晰地表明他已认识到他的质量定义的随意性。事实上，如果力被定义以至于动量和能量定律呈现最简单的形式，根据同一性观点

$$\gamma^3 \frac{d^2 x}{dt^2} = \frac{d}{dt}\left(\gamma \frac{dx}{dt}\right)$$

那么方程（4-3）将呈现如下形式

$$\frac{d}{dt}\left[\frac{m_0 v}{(1 - v^2/c^2)^{1/2}}\right] = \text{force vector} \qquad (4-7)$$

把这个表达式与牛顿最初定义的作为动量变化率的力，以及作为动量表达式中速度的系数的质量相比，我们看到质量的速度依赖由如下普遍的公式给出

$$m = \frac{m_0}{(1 - v^2/c^2)^{1/2}} \qquad (4-8)$$

基于麦克斯韦-赫兹电磁学理论获得的这些对于力学非常重要的结论一般被认为是相对论的一条捷径，它不需要非力学理论来源就能推导出方程（4-8）。完成这项工作是质量的相对论概念发展的第二个阶段。路易斯和托尔曼发表于1909年名为《相对论原理和非牛顿力学》的论文中，基于动量守恒和洛伦兹变换公式提出了方程（4-8）的推导。他们确信力学概念的自主权，坚持对相对论质量的这一力学中最基本观念的表述应该只从守恒定律和相对性原理得到，而没有任何电磁学的参考。之后，托尔

曼又在他 1912 年的文章中以弹性纵向碰撞的方式引入了相对论质量概念。托尔曼引入相对论质量的方法被很多相对论教科书的作者所采纳。

第三阶段是闵可夫斯基在 1908 年划时代的出版物《空间与时间》，其借助于四-矢量概念，给出相对论理论以及尤其是相对论动力学更加简洁和哲学上更满意的表述。在四-矢量语言中，粒子的动力学特性被所谓的能量-动量矢量 P^i 所刻画，它被假定总是平行于四-速度 U^i（$= dx/d\tau, dy/d\tau, dz/d\tau,$ $d(ict)/d\tau$，其中 $d\tau$ 是本征时间元素）以及对于自由粒子它在时间中不变。这些条件意味着

$$P^i = m_0 U^i \qquad (4-9)$$

其中 m_0 是被称为粒子的本征质量（或静止质量）的不变量。借助关系 $d\tau = dt(1-\beta^2)^{1/2}$，$P^i$ 的空间组成是

$$P^1 = \frac{m_0 dx/dt}{(1-\beta^2)^{1/2}}, P^2 = \frac{m_0 dy/dt}{(1-\beta^2)^{1/2}}, P^3 = \frac{m_0 dz/dt}{(1-\beta^2)^{1/2}}$$

$$(4-10)$$

或者以三维符号表示为

$$\vec{P} = \frac{m_0}{(1-\beta^2)^{1/2}}\vec{u} \qquad (4-11)$$

与在经典力学中一样，确定作为粒子的"质量" m 的动量表达式中速度的系数，可以得到

$$m = \frac{m_0}{(1-\beta^2)^{1/2}} \qquad (4-12)$$

这样，一个自由粒子（没有相互作用）本征质量守恒（在时间中恒定）的正式证明就可以简单地给出。

借助于四-矢量的积分，方程（4-12）的推出揭示了依赖于速度的质量的概念上或者定义上的特性。这是空间和时间之间的新关系，或者说，洛伦兹-闵可夫斯基动力学，产生了动量在

速度上特殊的函数的依赖和由之而来的质量的速度依赖。

第二节　关于静止质量与相对论质量的讨论

从牛顿质量到相对论质量的一个常见解读是，质量的真实参考值存在模糊性和不确定性。

Sears 与 Zemansky 合著的经典教科书《大学物理学》中说道："当处理原子与亚原子粒子时，质量随速度增加是非常重要的……"，"有充足的实验证据表明质量的确是物体速度的函数，随着速度的增大而增大，按照关系 $m = m_0 / (1 - v^2/c^2)^{1/2}$ 增加。这个方程曾由洛伦兹和爱因斯坦在基于相对论考虑的理论基础上预言过，并由实验直接验证"。"虽然相对论质量增加的概念在文献中被广泛应用，但它可能引起误解。无论如何，它是不必要的。""引入可变的，与速度有关的相对论质量概念有时是有用的，然而本文中不需要这个概念，讨论中也不用它。"除了这种对待相对论质量比较温和的态度，有些学者则完全否定相对论质量的论述，也有些学者对此避而不谈。

1987 年 Carl G. Adler 在他的《质量真的与速度有关吗，爸爸?》[①] 一文中对相对论中各种不同的相对论质量作了细致的分析和讨论，同时指出相对论质量常常被误用为惯性。Carl G. Adler 区分了三种不同的相对论质量。第一种用在动量定义式中的相对论质量，即 $p = m_r v$，其中 $m_r = m / (1 - v^2/c^2)^{1/2}$，表示相对论质量，m 表示静止质量。这里的相对论质量是一个与速度相乘从而给出动量的物理量，并非牛顿力学中的惯性概念的含义。第二种相对论质量成为横质量和纵质量。横相对论质量表现

---

① Carl G Adler. Does mass really depend on velocity, Dad? [J] Am. J. Phys. 55, 1987, pp. 739 – 743.

在当作用力与粒子的运动方向垂直时，可表示为 $m_t = m_0/ (1 - v^2/c^2)^{1/2}$，它用于方程 $F_t = m_t a$；纵相对论质量表现在当作用力与粒子的运动方向平行的情况下，表示为 $m_l = m_0/ (1 - v^2/c^2)^{3/2}$，它用于方程 $F_l = m_l a$。由于都标示力与加速度之间的比值，因而这两种情况下的相对论质量的作用都表现为惯性。第三种称为引力相对论质量，表示为 $m_g = m_0/ (1 - v_2/c_2)^{1/2}$，可用来描述自由落体运动。在此情况下，可以得到方程 $dmv/dt = -m_g g$。但 G. Adler 认为由于这个方程的导出使用了狭义相对论和非惯性观察者，因而是有缺陷的。如果用广义相对论导出引力质量，可得到 $m_g = m_0/ (1 + (2\psi/c^2) - u^2/c^2)^{1/2}$，其中 ψ 为引力势。但此式中的 u 即使表示速度，它也既不是坐标速度，也不是协变导数。G. Adler 认为："这种复杂性阻碍了引力相对论质量在狭义相对论引论性处理中的应用。（还应指出，没有真正的理由在广义相对论中引入相对论质量。）"

当时，很大一部分教科书的做法是以第一种相对论质量 $m = m_0/ (1 - v^2/c^2)^{1/2}$ 的形式引入 m_r，即从动量方程引入相对论质量。有的学者则在引入后进一步将相对论质量当作惯性作用，然后根据物体的速度越大则惯性质量越大，从而推出光速是宇宙中速度的极限。对此，G. Adler 指出："这显然暗示，定义为 $m = m_0/ (1 - v^2/c^2)^{1/2}$ 的质量是对加速度的抵抗。当然这是不正确的。可以证明 m 和 m_t 具有完全相同的函数形式，即它们都等于 $m_0/ (1 - v^2/c^2)^{1/2}$，因而对该作者来说完全可以把 m（动量定义中的速度系数）换成 m_t（对横向加速度的抵抗）。可是作者讨论的是速率增加的情况，因而力不可能完全与速度垂直（即力不可能是横向力），因为在这种情况下速率为常量。因此不论 m_r 还是 m_t 都不能正确地用来解释实物粒子的速率极限 c。"

关于第二种相对论质量是否是惯性的问题，G. Adler 认为在以牛顿第二定律定义它们的情况下，可以认为相对论质量是惯性，但这种惯性又不同于牛顿经典力学中的惯性。因为在牛顿物理学中，惯性质量作为物体的固有属性，与物体所处的环境无关；但纵质量或横质量作为惯性质量，它们不仅表示物体的固有属性，同时还与物体（通过 m_0）和观察者（通过 v）有关，具有依赖速度的属性。爱因斯坦在其后期的一篇论文中曾写道："每个系统都可以看成一个质点，只要我们认为除了作为整体的平动速度变化外，没有其他过程发生。可是，如果考虑的不只是平动速度的变化，那么考虑静止能量的变化显然是有意义的。于是上述解释断言一个质点在这种变换下其惯性质量与其静止能量同样变化……"邦迪在爱因斯坦一百周年诞辰的纪念文集中写道："总之，运动物体的质量既可以看成它的静止质量，也可以看成包括其动能质量的总质量……对于惯性是无疑问的：惯性由总质量给出是狭义相对论久经检验的组成部分。"对此，G. Adler 认为："实际上，对于一个物体通常唯一有确切定义的惯性质量是静止质量，即是从协同运动的观察者（即以动量中心速度运动的观察者）来看它的惯性。对于复合物体，从协同观察者看来，惯性质量（或者静止质量）是其组分的静止质量与动能之和。""前面引述的邦迪论述的意思，内部动能也应计入惯性，而不只是（爱因斯坦意义上的）物体作为整体的平动动能。"

在上述引文中，爱因斯坦把惯性质量等同于静止质量，并认为惯性随平动速度的增加而增加。在大约同一时期与英费尔德合著的一书中，爱因斯坦写道："运动物体既具有质量又具有动能。它抵抗速度的变化比静止物体更强一些，看来好像运动物体的动能增加了它的抵抗。如果两个物体具有相同的静止质量，具有较大动能的物体抵抗外力的作用更强。"这里，爱因斯坦并没有把物体增加的"抵抗"与"惯性质量"联系起来，只是说具有动能的物体对速度变化的"抵抗"好像比处于静止状态时的同一物体对速度变化的"抵抗"更强。对爱因斯坦而言，"物体的质量不是别的，正是从与物体一起运动的坐标系看来该物体具有的能量"。

对于爱因斯坦的"抵抗"与"惯性"之间的关系，G. Adler 说道："因为'抵抗'随运动粒子速度的明显增加只是一种幻想，它的产生只是由于时间膨胀。作用在给定静止质量的运动粒子上的力使之加速。当粒子运动较快时显然比同样的力作用在同一粒子上但运动较慢时需要更长的时间，因而粒子在高速运动时对加速度好像具有更大的抵抗。实际上，用随粒子一起运动的钟来测量，同样的力在同一时间间隔总是产生同样的效果。然而由我们了看来，快速运动的粒子保持原有运动的时间膨胀了，因此当粒子速度增大时，产生同样效果显然需要更长的时间，于是'抵抗'好像明显增大了。""可是，对于由协同运动的观察者看来的复合物体，由其组分的动能产生的质量增加却是真实的。如果这种能量是由无规则运动的粒子具有的，物体内部具有的任何能量都使其质量变化，复合物体质量的增加以这些粒子能量的总和为限度，即 $m_0 c^2 / (1 - v^2/c^2)^{1/2}$，而不是它们本身增加了相对论质量。"

20 世纪初，许多著名物理学家，如阿伯拉哈姆、布歇雷、费米、郎之万、考夫曼、冯·劳、洛伦兹、普朗克、彭加勒等人，对质量的速度依赖关系及其实验验证都表现出浓厚的兴趣。这种情况归因于当时被科学家普遍接受的电磁宇宙观，电磁宇宙观试图构造一个广延的而非质点的电子电磁模型，由这种模型导出的物质属性假定广延在不同于电子的物体上，并预言了物体质量与速度有关。爱因斯坦早期的相对论质量不是来自粒子的结构，事实上，他曾认为电子是无结构的，他的相对论质量最初起源于狭义相对论运动学。他曾说："根据力和加速度的不同定义，我们自然会得出质量的不同值（即纵质量与横质量）。"G. Adler 说："这意味着他想指出相对论质量这个概念在狭义相对论中是用'定义'创造出来的，对于该理论并不是基本的。""爱因斯坦（正确的）相对论质量公式和与之抗衡的理论（如洛伦兹理论，该理论预言了在数学形式上完全相同的方程）方程的区别在于，爱因斯坦质量方程是空间与时间运动变换的人为产物，而洛伦兹方程则是由于电子结构的'真实'变化所致。"

1908 年闵可夫斯基采用四维矢量空 - 时方法来处理狭义相对论，把相对论质量看作是四维矢量结构的一个推导结论，认为质量只是由于空 - 时变更的一种效应。1948 年，晚年的爱因斯坦在给林肯·巴尼特的信中写道："引入物体的质量 $M = m/(1 - v^2/c^2)^{1/2}$ 这个概念是不好的，因为不能给出明确的定义。最好除'静止质量'外，不再引入其他质量。以给出运动物体的动量和能量表达式而不引入 M 为宜。"之后也有很多反对使用相对论质量的物理学家，例如戈尔斯坦的《经典力学》（1954 年），泰勒与惠勒的《空间物理学》（1964 年），罗伯特·伯瑞尼在1968 年《美国物理》杂志上发表的一般论文。他们的主要观点可以归纳为相对论质量使四维矢量表述赋予狭义相对论的简洁性和优美性变得不明显了。

著名的粒子物理学家、时任苏联理论和实验物理研究所基本理论实验室主任，因在弱相互作用方面的工作而闻名的奥肯，1989 年发表了《质量概念》的论文，[1] 其中，他的观点是："在相对论的现代语言中只存在一个质量，即牛顿式的质量 m，它并没有随速度而变化"，以及"在物理学中只存在一个不依赖参考系的质量"。因此，对著名的公式 $E = mc^2$ 必须持怀疑态度。奥肯指责了那些区分了"静止质量"与"相对论的依赖速度的质量"的人，因为这引起了广泛的混乱，并坚持认为造成此混乱的主要原因是爱因斯坦由 $E = mc^2$ 给出的质能关系的表达。

----

[1] L B Okun. The Concept of Mass [J]. Physics Today, 42 (1989). pp. 31 - 36.

为了阐明这个在物理学教学中广泛延伸的混乱，奥肯发表了一份民意调查的报告，这个调查是他在他的莫斯科学院的理论与实验物理学的同事中组织的。在这个调查中，他介绍了以下四个方程：

（Ⅰ）$E_0 = mc^2$　　　　（Ⅱ）$E = mc^2$

（Ⅲ）$E_0 = m_0c^2$　　　　（Ⅳ）$E = m_0c^2$　　　　（4 – 12）

并提出了下面两个问题：

（1）这些方程中哪一个最合理地遵循了狭义相对论，并表达了它的主要结论和预言之一？

（2）这些方程中哪一个由爱因斯坦最先写出，并被他认为是狭义相对论的一个推理？

奥肯继续道，他的大多数同事选择方程（Ⅱ）或（Ⅲ）作为这两个问题的答案而不是选择方程（Ⅰ），而根据奥肯，方程（Ⅰ）是这两个问题唯一正确的答案。为了证明他的看法，奥肯参考了狭义相对论的两个基本方程，一个是能量 – 动量四矢量方程

$$E^2 - p^2m^2 = m^2c^4 \qquad (4 – 13)$$

其中方程两边是标量，m 是通常的质量，"就像在牛顿力学中一样"；另一个是动量的方程

$$\vec{p} = \vec{u}E/c^2 \qquad (4 – 14)$$

奥肯继续道，对于 $\vec{u} = 0$，由方程（4 – 14）得到 $\vec{p} = 0$ 并且 E 变为静止能量 E_0，方程（4 – 13）简化为 $E_0 = mc^2$，即方程（Ⅰ），与奥肯在前面引用的断言一致，这里 m 代表通常的牛顿质量。为了"尽可能地拒绝'相对论质量'，没有必要把另外的质量称为'静止质量'并以下标 0 来标记。"然后奥肯提出了如下问题：如果 m_0 的标记法与"静止质量"的术语必须被拒绝使用，那么为什么 E_0 的记法和"静止能量"的术语却得到保留？他的回答是：因为质量是相对不可变的，并且在不同的参考系中是相

同的，然而能量是一个四矢量 $(E, \vec{p})$ 的第四（类似时间）分量，在不同的参考系中是不同的。E_0 的下标 0 表示物体的静止体系。同时，他认为，爱因斯坦在他 1905 年关于相对论的第二篇论文中以 $E_0 = \Delta mc^2$ 的形式表达了著名的质能关系。

关于相对论质量是否必要的问题，泰勒与惠勒表示，这个争论的根源在于如下事实："质量"这个术语在两个不同的含义下被使用——一个是在能量–动量四矢量 $P = (E/c, \vec{p})$ 除以 c^2，即 $m = \parallel E^2 - p^2 c^2 \parallel / c^2$ 大小不变（标量）的意义上；另一个是在作为这个相同的四矢量的时间分量即 $m_r = E/c^2$ 的意义上。他们对后一种意义质量的使用感到失望，因为它导致了错误的信念，即具有速度或动量的粒子的化名为"质量"的能量的增加是从粒子的内部结构而非空时本身的几何属性的变化中产生的。

奥肯对 m_r 的争论的谴责文章在 1990 年 5 月的《今日物理学》刊物中的"读者投书栏"系列中引起了激烈的讨论。例如 W. M. A. Vangck 完全赞同奥肯对 m_r 的拒绝，而沃尔夫冈·润德勒则声称"奥肯热切的长篇大论的反对使用相对论质量概念"对相对论的理解是有害的。在写于 1991 年的另一篇文章中，[①] Thomas R. Sandin 甚至在美学的根据上来保卫 m_r，因为"相对论质量描画了一幅自然的图像，在自然的简单性中它是美丽的"，而对它的消除是一个不必要的审查形式。

毕克斯达夫与 George Patsakos 的数学处理则更具实际的适用性[②]。他们指出，在洛伦兹变换的非相对论极限下的不变性的一个量能够在非相对论范围推广到具有不同张量特性的两个量。从

① Thomas R Sandin. In defense of relativistic mass [J]. American Journal of Physics. 59（11），1991，pp. 1032–1036.

② R P Bickerstaff, G Patsakos. Relativistic Generalization of Mass [J]. European Journal of Physics 16，1995，pp. 63–68.

数学的观点看，争论的双方似乎都能够很好地得到辩护。

为了理解这个论题，我们可以回顾一下哲学家把科学的发展作为知识的积累的线性增加过程。根据这个观点，甚至在所谓的"科学革命"中，也只是现存理论的表达与延伸的结果。在20世纪60年代，这个观点被托马斯·库恩和保罗·费耶阿本德等人所挑战。

内格尔认为，科学始于观察，"通过观察实际体验中所遇到的事物和事件提出问题"，然后"通过发现其中的系统规则来理解这些可观察物"。① 正是为了那些具有系统性又受制于事实依据的解释才产生了科学。理解科学的结构，即是理解科学解释的结构。② 内格尔通过实验定律和理论的区分来对科学的本质和结构进行探讨。实验定律指的是科学中表述那些借助于感觉器官或观察仪器观察到的事物及其特征之间的关系的定律。理论则指不能借助于任何观测手段加以观察的事物或其特征之间的关系的假设。内格尔试图通过"可观察量"概念对事实和理论进行严格区分，以期获得科学结构的稳定性。

然而，费耶阿本德认为可观察性是一个模糊的概念，并且实存与可观察性是无关的，它涉及形而上学的问题。同时，即使可观察事物存在，但也并不能就将实存视为理论实体。③ 因而，内格尔所期望的科学的稳定性既不符合科学实际，也不符合理性方法论的要求。费耶阿本德指出，根据内格尔，假如解释是科学的职责；假如解释的"最终出发点是根据普通经验观察事物和事件后提出问题"；假如这些事物的描述有"自身规律"，可以"不依赖任何理论"；假如理论的改变只改变实验法则和观察术语的

----

① Ernest Nagel. The structure of Science [M]. 1979, p. 79.

② Ibid, p. 15.

③ [美] 保罗·费耶阿本德. 经验主义问题 [M]. 朱萍，王富银，译. 南京: 江苏人民出版社, 2010: 71.

"理论解释"，不改变其余部分的意义，那么构成"观察核心"的各种术语之间的关系将永不会改变。"它们的稳定性会得到保证，这不是因为经过仔细研究发现它们适合，而是因为它们的排列方式不允许进行仔细研究，结果成了名副其实的偶像。这种偶像只能受到一种程序批判，该程序允许我们将这些偶像与其他关联系统进行对比。"① 假如要把质量概念作为科学结构稳定性保障的"偶像"，那么对它的内涵的解释必然可以在与其关联所有的理论系统中进行对比。

根据内格尔的理论，相对论质量是在狭义相对论的数学模型中通过与经典力学形式类比的方式引入的。按照牛顿力学，一个孤立系统的线性动量保持不变，即动量等于该系统中每个物体的质量与其速度乘积的总和，并且假定一个物体的质量不依赖于其速度。而 20 世纪早期的实验表明，一个以很大速度运动的粒子的质量是随着速度变化的。内格尔说道："这样动量守恒原理看来对这种粒子并不适用，结果'质量'的概念在相对论中得到了合适的定义……更确切地说，'相对论质量'的概念是以这样一种方式被引入的，以至于一个物体的相对论质量是其速度，其'静止质量'（它在速度为零时的质量）以及光速的函数。""此外，当按照相对论质量来重新表述动量守恒原理时，它与实验结果一致。简单地说，一个新的质量概念和一个新的动量守恒原理都是在形式类比的指导下被引入相对论的。"② 内格尔将相对论质量概念看作是一种新的概念，一种在不同于经典力学理论的新理论中的新概念。

内格尔还通过质量是否属于物体的"固有的"或"附加的"属性来区分牛顿质量和相对论质量。他说："按照经典力学，质

---

① ［美］保罗·费耶阿本德. 经验主义问题［M］. 朱萍，王富银，译. 南京：江苏人民出版社，2010：66.

② Ernest Nagel. The structure of Science［M］. 1979, pp. 111 - 112.

量只是物体的'附加'性质，这个性质不随着物体运动的变化而变化，它被显示为是物体对其速度变化所提供的抵抗。"① "在经典力学中，一个物体的质量是牛顿质量。它是物体的一个'固有的'性质，不依赖物体的速度。此外，如果 m_1、m_2 分别是两个物体的质量，则由这两个物体组成的系统的质量是 $m_1 + m_2$。另一方面，在相对论中，一个物体的质量不再是一个常数，而是相对速度的函数，在以上指出的意义上，它不再是'附加的'。"②

费耶阿本德指出，内格尔的论述倾向于将概念的修改仅局限在高速运动的粒子上。他认为我们虽然承认低速下无法观察到这种效应，但不应该解释为在低速下质量对速度的依赖就消失了。他说："现在我们首先要注意到在低速条件下无法辨认出实验效果遗漏以后，相对论与牛顿理论的预测完全相同，我们同样获得一个'句法结构类似于牛顿动量守恒的标准命题句'。在（$v/c \leqslant 1$）的讨论范畴，相对论与之前观点一样是有效的预测。" "相对论在任何情况下都用相对论质量（取决于 v/c，非附加性），不仅仅用于速度与光速一致，虽然对于 $v/c \leqslant 1$ 来说，源于这种应用的预测（即数字）无法区别于借助经典术语产生的数字。我们知道，相对论可以做到经典理论能够做到的一切，甚至还更多，也能在经典理论做不到的地方获得成功。看来我们可以放心地摒弃经典观念，只采用相对论观点。当然，正如有人提出的那样，这并不意味着我们应该将这个学科的成就仅仅视为史学兴趣所在。摒弃经典物理学意味着摒弃经典观念；经典公式可以保留。"③ 在这里，费耶阿本德把经典物理看作是相对论理论低速

① Ernest Nagel. The structure of Science [M]. 1979, p. 167.

② Ibid, p. 170.

③ [美] 保罗·费耶阿本德. 经验主义问题[M]. 朱萍, 王富银, 译. 南京: 江苏人民出版社, 2010: 67.

条件下的近似。同样，按照费耶阿本德的说法，质量概念只有一个，就是相对论质量，牛顿质量是相对论质量在低速条件下的近似，不具有独立存在的理论基础。

与费耶阿本德强调理论的连贯性不同，库恩根据他的科学革命的范式转换理论，否认科学发展的连续性和积累性。库恩否认爱因斯坦的相对论力学可以导出牛顿力学，因而牛顿质量的物理蕴涵与质量在相对论中的物理蕴涵是截然不同的。他给出的原因如下。① 设想有一组陈述，E_1，E_2，……，E_n，共同组成相对论的所有定律。这组陈述包含代表空间位置、时间、静止质量等的变量和参数。利用逻辑和数学工具，可以从这组陈述导出另一组可以由观察来检验的陈述。要想证明牛顿力学的确是相对论的一个特例，我们必须在上述这组陈述（E_i）之外，再加上额外的陈述，如 $(v/c)^2 \langle\langle 1$（物体运动速度远小于光速），来限制参数和变量的范围。这组扩大后的陈述可用来导出另一组新陈述，N_1，N_2，……，N_m，其形式与牛顿运动定律、万有引力定律等完全等同。可见，只要加上一些限制条件，牛顿力学就可以从相对论理论中推导出来。库恩接着说，然而这种推导至少在一点上是似是而非的，即虽然（N_i）是相对论力学定律的特例，但它们并非就是牛顿力学。因为这些陈述的意义只能以相对论理论加以诠释。在爱因斯坦理论的陈述中，E_i代表空间位置、时间、质量等等的变量和参数，依然出现于 N_i 陈述中，并依然代表着爱因斯坦的空间、时间和质量等概念。但这些概念在相对论理论中的物理蕴涵与在牛顿体系中的物理意义截然不同，例如，牛顿理论中的质量是守恒的，而相对论中的质量可以转变为能量；只有在相对速度很低的情况下这两种质量才可以以相同的方式来测量，

----

① ［美］托马斯·库恩. 科学革命的结构[M]. 金吾伦, 胡新和, 译. 北京：北京大学出版社, 2003：93.

但即使如此，我们也不能就认为它们是相同的。除非我们改变陈述中物理变量的定义，否则导出的这些陈述就不是牛顿力学中的定律。如果我们真的这么做了，至少就现在公认的推导的意义而言，就不能说我们从相对论中推导出了牛顿定律。也就是说，这两个理论的差异并不仅仅是形式上的，为了二者的过渡，我们不得不同时改动他们所描述的宇宙体系的基本构成要素。而这些基本要素概念的改动，正是爱因斯坦理论的革命性影响的核心。①空间在牛顿物理学的意义上必须是平直的、均匀的、各向同性的，而且不受物质存在的影响。如果它的意义不是这样的，那么牛顿物理就不能成立。为了转变成为爱因斯坦的宇宙，以空间、时间、物质、力等等为绳线编织的整个概念网络都必须变换，并用以重新网住自然。②

库恩认为，科学过程的不同阶段由他称为"范式"的所描绘，范式被"普遍认为是在一段时间内一个科学从事者团体提供典型问题和解答的科学成就"。采用一个新的理论或范式意味着接受一个完全新的概念框架，它与现在被拒绝的旧的概念框架有如此少的共同之处，以致于两个理论是"不可通约的"，因为没有客观的评价标准存在使得比较它们成为可能。而且，正如在一个给定的理论中，每一个科学术语的含义依赖于它在其中产生的理论语境，甚至新理论中的个别科学术语与旧理论中的术语也是不可通约的，而不管这个相同的术语经常被保留这一事实。意义的不变性甚至不同理论中的同形异义术语因此被严格地否定。

雅默认为，关于质量的经典与相对论概念的不可通约的论题不仅能在哲学立场上得到辩护而且能够通过物理学的理论加以论证。基于此，不应该将相对论静止质量认为是唯一合法的质量概

---

① ［美］托马斯·库恩. 科学革命的结构［M］. 金吾伦，胡新和，译. 北京：北京大学出版社，2003：94.

② 同上书，134－135.

念并等同于质量的经典概念，而应是，必须承认经典与相对论质量概念都有它们各自合法的权利。① 他还指出，那些认为新的理论是旧理论的推广与延伸，因而新理论具有包含旧理论的应用范围的人，明显地拒斥了不可通约的观点。尤其是那些把牛顿力学看作是相对论力学的低速范围的人就这样做的，当然像奥肯也是如此，他们声称"在物理学中只存在一个质量 m，它不依赖参考系"，在方程 $E^2 - p^2c^2 = m^2c^4$ 中的 m 是"普通的牛顿质量"，或者甚至更精确地说，"一个物体的质量……在相对论与牛顿力学理论中是相同的"②。那些像托尔曼一样把相对论力学看作是"非牛顿"理论的人建立了独立于经典物理学的原理，并宣称"m_r 是在相对论中的质量"，他们很明显地赞同不可通约的观点，即使他们并没有意识到这一点。我们对 m 与 m_r 争论的分析引导我们得到如下结论：这两个形式之间的冲突最终是两个物理科学发展的相互竞争的观念之间的不一致。

2007 年，Peter M. Brown 写了一篇名为《关于相对论中的质量概念》③ 的论文，在其中，他首先说明，在此之前的十五年时间里，对"相对论质量"一词的使用频率一直在下降，"普适质量"，或者简单地说就是"质量"一词在很大程度上取代了"相对论质量"的使用。为了使"质量"一词的定义得以逻辑最大化和减少混淆，他对各种关于相对论质量的观点作了澄清和辩论，并宣称自己"主张使用相对论质量，但不认为普适质量不是相对论动力学中的一个重要工具"。

----

① Max Jammer. Concepts of Mass: in Contemporary Physics and Philosophy [M]. Princeton University Press, 1999, p. 58.

② Okun. The Concept of Mass [J]. Physics Today 42, June, 1989, pp. 31 - 36.

③ Peter M Brown. On the Concept of mass in relativity [J]. Phycics, No. 9, 2007.

M. Brown 给出了力学中存在的各种质量以及在相对论质量的争论中给出的各种质量的两个表格（见表 1、表 2）。

表 1　质量的类型与定义

质量的类型	定义
普适质量	如果在给定情况下存在这样一个量，那么这个量就是那个存在一个唯一的数来表示牛顿质量的量，与使用的坐标系无关（不变的）
静止质量	物体处于静止时的质量值
惯性质量	动量与速度之比，即 $m = p/v$
被动引力质量	重力作用于其上的质量
主动引力质量	重力来源的质量

表 2　反对与赞成相对论质量

反对相对论质量	赞成相对论质量
4－动量被定义为"普适质量"×4－速度。赋予质量相对论质量会使物理学变得模糊。[1]	反对相对论质量的观点可能会让一些还没有想清楚这些问题的人认为存在尚未解决的困难，或者是犯了一个错误，而这完全是术语的问题[2]
m 与 m_0 之间存在混淆。[1]	$m = \gamma m_0$ 是一个有用的启发式概念[2]
$m = E/c^2$ 没有合理的理由。[3]	相对论质量是向学生介绍相对论质量的许多概念的最一致和最容易理解的方式[4]
粒子物理学只使用质量术语。[3]	力被定义为 $\mathbf{F} = dp/dt$，而不是 $\mathbf{F} = m\mathbf{a}$[4]

续　表

反对相对论质量	赞成相对论质量
m 使老师和学生都产生混淆。[3]	当用相对论质量定义质心的位置矢量时，比只用普适质量定义质心位置矢量时更容易理解。因此质心守恒定理更容易理解
不能坚持"牛顿关系" $F = ma$。[5]	所有人都同意"光携带质量"。"光有质量"在所有情况下都不被认同。当我们也可以说"光有质量"时，"光携带质量"更容易理解
E/c^2 不是引力质量。引力的来源是能量 - 动量张量。广义相对论中的引力不是由 $F_g = -(GMm/r^3) \cdot r$ 给出的。[3]	光有被动引力质量和主动引力质量。它们都等于相对论质量。忽略这一事实则掩盖了广义相对论，因为质量是引力的来源[6]
爱因斯坦说引入方程 $m = \gamma m_0$ 是不好的。[3]	任何关于相对论质量的所谓"困惑"都可以通过两种方式消除，相对论老师既解释了观点，又纠正了错误的概念[4]
课本上关于 m 的意思是矛盾的，这让学生感到困惑。[3]	
领先期刊不使用 $m = \gamma m_0$[3]	
$m = \gamma m_0$ 是陈旧的虚构，最好避免它。[7]	
狭义相对论是关于几何的理论，从现代几何的观点看，质量是不变的，而不是依赖速度的。[8]	
m 是总能量，不是质量。[9]	

注:

1. The Advantage of Teaching Relativity with Four-Vectors, Robert W. Brehme, Am. J. Phys. 36 (10), October 1968, pp. 896 – 901.

2. Letters to the Editor, Physics Today-Putting to Rest Mass Misconceptions, Wolfgang Rindler, Lev Okun, Physics Today, May 1990, p13.

3. The Concept of Mass, Lev Okun, Physics Today, June 1989, pp. 31 – 36.

4. In defense of relativistic mass, T. R. Sandin, Am. J. Phys. 59 (11), November 1991, pp. 1032 – 1036.

5. Does mass really depend on velocity, dad?, Carl G. Adler, Am. J. Phys. 55 (8), August 1978.

6. Gravitation, Misner, Thorne and Wheeler, W. H. Freeman and Co., (1973), p. 404.

7. Introduction to Electrodynamics-Third Edition, David J. Griffiths, Prentice Hall, (1999), p. 510.

8. Letters to the Editor, Phys. Educ., Relativistic mass, Simon Carson, Phys., November 1998, pp. 343 – 345, 739 – 743.

9. Spacetime Physics-Second Edition, Edwin F. Taylor and John Archibald Wheeler, W. H. Freeman and Co., (1992), pp. 250 – 151.

可以看到,相对论质量的支持者认为,当一个物体的速度和普适质量在观察者的参考系中给定时,它的相对论质量在任何情况下都可以被指定。因此,赞成相对论质量的学者认为相对论质量在所有情况下都是一个能够很清楚给出定义的概念,并且还具有能够帮助我们理解理论的作用。M. Brown 给出的异议是,他不认为相对论质量适用于任何情况,而是只适用于某些特殊的情况,例如,孤立的物体、完整的系统和点粒子。当一个物体不是孤立时,物体的质量就是动量方向的函数,动量的不同方向会产生不同的质量。

接着,作者总结概述了双方的立场和理由。根据支持相对论质量的观点，物体的惯性表现为它抵抗动量变化的能力。根据反对方的观点，物体的惯性表现在它抵抗速度变化的能力上，并且由于通常不能用一个数字来表示而变得复杂。在相对论动力学中，力可以写成 $f = m_l a_l + m_\perp a_\perp$，其中 a_l 是加速度的纵向分量，$a_\perp$ 是加速度的横向分量。m_l 和 $m_\perp$ 表示物体的纵向质量和横向质量。对于相对论速度，这个比例取决于加速度的方向，并且当加速物体是一个单独粒子时通常不是一个数字，而是通过两个数字来定义。前一个使用了 Weyl 的质量定义，即 $m = p/v$，后一个定义使用了马赫的定义，即 $m = F/a$。在相对论中，双方都使用了 Weyl 的定义，并且都称其为惯性质量。所以，$m = F/a$ 只被用在反对相对论质量的论据中。M. Brown 认为，虽然辩论双方的支持者都声称自己的定义是最符合逻辑的，但他不同意惯性质量由方程 $m = F/a$ 来定义的论断。他说："这个定义错误地假定 $F = ma$ 总是正确的。然而，这甚至在牛顿力学中也不是普遍正确的。"

另外，反对方主张"质量"应该是一个几何量，因为相对论用几何描述。所谓的几何属性就是粒子的 4 - 动量的大小。对此，M. Brown 说："然而，如果是这种情况，那么应该使用'普适的'这个术语来限定这个术语。各个 4 - 矢量的大小通常都是这样命名的。因此，'几何术语'应当是普适的质量，而不是简单的质量。"

在对孤立系统的不同质量（即惯性质量、主动引力质量和被动引力质量）的定义给出了分类说明之后，M. Brown 证明了开放系统的质量密度悖论（mass-density paradox）。然后作者对相对论质量的历史背景进行了梳理，并表达了他自己的看法。爱因斯坦在 1905 年关于狭义相对论的论文是根据马赫对质量的定义来规定质量的。第二年，马克斯·普朗克证明了带电粒子的力的表达式，从而得以采用动量来定义质量。之后的十年有多篇关于相对论中的质量概念的著名论文。1906 年，爱因斯坦把质量密度赋予给了电磁场的能量密度。1907 年，爱因斯坦证明了物体的能量不仅仅是物体速度和 μc^2 的函数，还是用于物体的压力的函数。1908 年至 1912 年间，托尔曼和刘易斯表明，如果把动量定义为 $p = mv$，并在所有的惯性系中都要求动量守恒，那么速度是依赖于质量的。通过利用两个相同粒子的任意碰撞，他们得到了 $m = \gamma\mu$。在 1915 年，爱因斯坦发表的关于广义相对论的评论文章中，他陈述了他的结论，即质量完全由压力－能量－动量张量 $\mathbf{T}$ 来描述。

20 世纪，粒子物理学成为物理学中的一个重要组成部分，研究粒子物理学的科学家们用相对论来完成他们的工作。粒子物理学的目标是研究粒子的固有属性，如本征质量（proper mass）和本征时间（proper lifetime）。由于粒子物理学家对质量和时间这两个术语没有其他用法，为了方便和简单起见，"本征的"限定符就被省略了。因此，M. Brown 认为这些术语的含义与广义相对论的实践者所使用的含义是不同的；但由于使用狭义相对论的物理学家比使用广义相对论的物理学家更多，相对论学界内部开始施加压力，要求作为一个整体把"质量"定义为本征质量，即普适质量。这种压力在一定程度上来自教科书和期刊文章。从而有了 1948 年爱因斯坦写给林肯·巴内特的信中表明的"除了'静止质量' m，最好不要引入其他质量概念"，以及"在介绍 m 时，最好提及运动物体的动量和能量的表达式"。M. Brown 说道："这些话似乎在说爱因斯坦反对相对论质量概念。然而，这是一个错误的结论。如果是那样的话，爱因斯坦早就停止了给质量指派一个依赖于引力势的值，就像他在《相对论的意义》的最后一个版本中所做的那样。"这个最后的版本出版于 1953 年，是在他给巴内特写信的五年之后。另外，爱因斯坦在他和因菲尔德的著作《物理学的进化》中，也把质量的值归因于光。M. Brown 因此说："我必须承认，爱因斯坦对质量定义的前后矛盾，对我来说是一个谜。"

最后，M. Brown 总结道："我在上面已经论证过，相对论质量或普适质量辩论的双方都有遗憾或似是而非的论据和错误，这使得这场争论的某些领域是空白的。我还证明了相对论质量可以被惯性能量所代替的说法是错误的。……我还证明了一个比任何东西都更值得被称为质量的量，因为它具有质量的所有三个方面，即惯性质量、被动引力质量和主动引力质量。相对论质量令人困惑的指责不能作为打击相对论质量的原因，因为相对论的几乎所有方面都是令人困惑的，直到它们被掌握，而且一旦被掌握，它们就一点都不困惑了。称 4 – 动量质量的时间分量与相同的 4 – 矢量本征质量的大小存在某种一致性，因为这与其他 4 – 矢量及其大小是一致的。……因此我们可以把'本征的'一词加到这四个矢量的分量上，从而得到这四个矢量的大小的名称。对所有的物理术语都有一个独特的含义是可取的，但这似乎不太可能发生。例如，当一个人在量子力学中工作时，动量这个词没有通常意义上的线性机械动量意义，而是被当作正则动量。因此，我们也应该阐明'质量'一词的定义，并继续在任何相对论期刊文章或教科书中一致地使用它。粒子物理学的实践者使用质量这个术语来表示普适的质量，而广义相对论的实践者可能用来表示相对论质量。因此，尽管'质量'一词的总体使用是普适质量，但广义相对论的大多数使用可能是用'质量'一词来表示相对论质量或其他东西，如质量—能量（即 $m = E/c^2$）。"

O. Belkind 在 2012 年发表了《物理学体系》一书，其中，他认为质量概念有两个方面的意义，即作为惯性的性质和作为物质的量的性质，这两方面的意义分别来自匀速运动范式（Paradigm of Uniform Motion）的几何和运动的结构假设；质量的这两个方面是只允许部分运动和允许整体运动的物理理论深层结构的结果。因此，对于经典物理质量概念和相对论质量之间的关系，他的观点是："首先，我认为牛顿质量和相对论质量是不可通约的概念。其次，我认为牛顿质量的引用是不确定的，相对论的概念抓住了牛顿的一些意义，但没有抓住概念的全部意义。第三，我认为框架不变属性（frame-invariant properties），如静止质量和空间间隔，是'客观的（objective）'性质，而框架相关属性（frame-dependent properties），如速度、动量和能量，是'主观的'（subjective），或在某种程度上依赖于观察者。第四，我认为爱因斯坦的方程 $E = mc^2$ 显示了一个关于质量和能量本质的形而上学命题。由于假定存在者能量转化为质量的相互作用（反之亦然），所以质量和能量常常被认为是同一物质的不同表现形式。"①

O. Belkind 认为我们不能把相对论中质量概念的一个方面孤立出来，而应该把它看作是牛顿质量概念的一个方面；相对论中的两个质量概念，即静止质量和相对论质量，都包含了牛顿物理学中质量概念的部分含义。同一参数 m 在牛顿物理中具有质量的两种作用，在相对论中，最大质量 m_0 具有惯性质量作用，相对论质量 m_R 具有物质的量的作用。因而他认为质量概念在牛顿物理学和相对论物理学中具有一致性，质量的参考值没有不确定或含糊不清的地方。

1973 年，Hartry Field 曾利用质量概念来论述一个关于概念引用的语义学理论。一些语义学理论认为，单个术语的指称是通过他们显现或内隐替代的描述来确定。因为对象的描述可以通过用来描述对象的语言词汇实现，因而每当科学理论发生根本变化时，理论术语的引用也会发生变化。在科学革命的过程中，每当一个全新的科学理论被引入时，概念都会经历一个细化的过程，

---

① O Belkind. Physical Systems. Boston Studies in the Philosophy of Science 264，DOI 10. 1007/978 – 94 – 007 – 2373 – 3_ 5，ⓒ Springer Science + Business Media B. V. 2012，p. 199.

从不确定的引用中产生确定的引用。在爱因斯坦的狭义相对论之前，牛顿质量概念部分地表示了两种不同的性质。在狭义相对论中，这两个部分所指变得明确，并被分为两个不同的意义。当引入两个概念时，牛顿理论中的模糊指称在狭义相对论中变得明确，相对论质量被定义为 $M_R = E/c^2$，静止质量被定义为 $m_0 = (E - E_k)/c^2$，其中 E 为物体的总能量，E_k 为物体的动能。相对论质量是 $m_0 \gamma$。

为了支持他关于指称不确定性的主张，菲尔德分析了质量概念的语义性质。根据菲尔德的观点，如果一个术语替换另一个术语并没有改变它们出现于其中的任何语句的真值，那么两个术语的引用是相同的。为了确定牛顿质量 m_N 是否具有与 m_0 和 m_R 相同的引用，必须分析包含术语 m_N 的一组真命题。如果用另一术语替换 m_N 使得这组命题的真值保持不变，那么就说明这两个术语具有相同的引用。根据相对论理论，当 m_N 被 m_0 代替时，有些陈述仍然成立，而当 m_N 被 m_R 代替时，有些陈述为假。然而，当 m_N 被 m_R 代替时，另外一些陈述仍然成立，而当 m_N 被 m_0 代替时，这些陈述为假。因此，菲尔德的结论是，m_N 部分指的是 m_0 所指的相同属性，部分指的是 m_R 所指的属性。[1]

由此可知，质量概念在牛顿物理和狭义相对论中都有两个概念角色。通过语义检测，表明牛顿质量满足牛顿物理中的两个概念作用，静止质量满足相对论中惯性性质的作用，相对论质量满足物质的量作用。只是把质量看作是物质的固有属性，导致物质的量似乎不是质量概念意义的本质组成部分。自马赫以来，评论家们把物质的量作为质量概念的一个非本质特征，他们倾向于把牛顿质量和相对论质量之间的相似性看作是偶然。然而，如果不

---

① O Belkind. Physical Systems. Boston Studies in the Philosophy of Science 264, DOI 10. 1007/978 – 94 – 007 – 2373 – 3_ 5, ⓒ Springer Science + Business Media B. V. 2012, pp. 201 – 202.

是强制把质量还原为物质的固有属性，人们会意识到质量的两种作用都来源于匀速运动范式和结构假设几何，没有哪一种作用比另一种作用更基本。惯性质量作为一种固有性质，对物体的惯性倾向负有因果责任，模糊了这一概念的几何起源，会使动力学规律和几何之间的关系变得不清楚。[①]

O. Belkind 认为，在把相对论质量归因于物质的量来解释的过程中存在着一些障碍。首先，一些学者认为相对论理论中根本就没有牛顿物质的量的相关物；其次，他们认为只有在相对论框架不变（frame-invariant）的属性才是客观属性。静止质量是不变的，因此是客观的，相对论质量是依赖框架的，因而是主观的，是依赖观察者的。不变性作为客观性的标志有着悠久而受人尊敬的传统，19 世纪的新康德主义就试图将主观从科学知识的客观组成中分离出去。在理解狭义相对论时，许多物理学家，包括爱因斯坦本人，经常将依赖惯性参考系的属性与在所有参考系中相同因而是不变的属性区分开。例如，速度和同时性是依赖参考系的，而时空间隔和静止质量是不变的。依赖框架的属性是"主观的"，它取决于观察者的状态；而不变属性是独立于框架的，与观察者无关，因而是客观的。这种思维方式很大程度上受到闵可夫斯基对时空诠释的影响。闵可夫斯基将洛伦兹变换与欧几里得群作了比较。在欧几里得空间中，空间图形坐标系中的特殊间隔具有依赖于表征方式的特征，但欧几里得空间中点之间的距离是欧几里得群的一个不变量，因此，是任意一对点之间的客观关系。同样，特定的惯性参考系产生了物理过程的时间和空间维度的不同表征，但时空间隔是时空点之间的客观关系。[②]

① O Belkind. Physical Systems. Boston Studies in the Philosophy of Science 264, DOI 10. 1007/978 - 94 - 007 - 2373 - 3_ 5, ⓒ Springer Science + Business Media B. V. 2012, p. 205.

② Ibid, p. 206.

第五章　质量与能量

第一节　能量概念的历史

将自然界各级运动形态的不同质的现象加以统一起来把握的倾向，导致了能量理论的建立。① 从历史上考察，能量概念来源于力学。伽利略通过理想实验得到：物体自由下落一段距离所达到的速度能够使它在理想情况下回到原来的高度。莱布尼茨的物力论认为，力是物理实在的基本元素。这些基本元素，莱布尼茨称为单子，以及基本元素的组合体，它们唯一的属性就是力。但是，在莱布尼茨这里，与牛顿相比，力的含义有了根本的变化。莱布尼茨所说的力相当于现代物理学中的动能，他认为这种力是物质固有的，是物质根本性质的表现。

莱布尼茨曾在他的《对物质的理解的哲学修正》中表示："对于经院哲学家而言，力表达的不过是一种运动起来的可能性，只是必须在有外力激发或冲击的时候才能真正运动起来。而活力不是这样的。活力在推动能力和动作本身之间，包含着某种活动状态或实体。它本身就包含了运动倾向，可以在不需要任何辅助手段的情况下独立地导致运动的发生，唯一需要的是障碍物的移除。""这段话在物理学史上具有重大意义。因为它不仅表明了莱布尼茨的力的概念的本体论地位，而且它宣布了一门专门研究

---

① 桂起权．科学思想的源流[M]．武汉：武汉大学出版社，1994：189.

在自然界中的表现方式的新科学学科——动力学的诞生，这或许是这个名称在物理学史上的首次出现。"① 莱布尼茨认为活力来源于物质的某种内部运动倾向，可以不借助外界独立起作用，匀速运动的惯性原理就是活力存在的证明。这种用惯性来定性说明物质固有活力的方法，与牛顿的惯性力概念倒有相似之处。

1686 年，莱布尼茨发表了一篇名为《关于笛卡儿等人的一个显著错误的短论：他们认为上帝在自然中设定运动的量总是守恒的，但这种认识与力学相悖》的文章，试图对力做定量研究。他反对笛卡儿的运动的量守恒，他认为："当两个柔软物体或非弹性物体碰撞时会损失一部分'力'，这是事实……但这只是表象，这部分'力'其实被碰撞物体吸收了……力没有被毁灭，而是分散到了物体的组成部分中。这个过程中物体并没有力的损失，就像是我们把大面额钞票换成零钱时，钱的总额并未改变。"② 用现代物理学的术语，笛卡儿的运动的量等于质量和速度的乘积，即 mv；而莱布尼茨认为，遵循守恒的"力"或者"活力"应该是质量和速度平方的乘积，即 mv^2，并且这种"力"的守恒是物质的内在属性决定的。力的量度究竟应该是"动量"（vis mortus），还是"活力"（vis viva），这个问题导致了曾经的莱布尼茨主义者与笛卡儿主义者之间长期的争论。

1695 年，莱布尼茨以另一种特殊的形式给出了活力（vis viva）的概念，即力和路程的乘积。达朗贝尔曾指出，动量和活力这两个概念"模糊地谈到了动量的变化和力的作用的时间有

① Jammer Max. Concepts of Force: A study in the foundations of dynamics [M]. Dover Publications, Inc. 1999, p. 148.

② Leibinz, edited by HG Alexander. Leibniz-Clarke Correspondence [M]. Philosophical Library, 1956, p. 87.

关，活力的变化和力的作用距离有关"。① 也就是说，笛卡儿的方法给出的是在给定时间里作用的力的效果的量化表示，而莱布尼茨的方法给出的是在给定的路程里作用的力的效果的量化表示。这里莱布尼茨的"力"或"活力"概念即是后来物理学中的能量概念，或者更加具体地指的是动能概念。

在莱布尼茨之后，约翰·贝努利多次提到活力守恒，并强调当活力消失时做功的能力并没有失去，而只是变成了另一种形式。欧拉则进一步认识到质点在有心力作用下活力也是守恒的。1807 年托马斯·杨在《关于自然哲学和机械技术教程》一书中，用"能"（energy）这个词来表示活力。杨根据热与光的比较，得知物体的辐射热与红外线的热效应相一致，从而认识到热与光在本质上是相同的（他认为都是波动）。1829 年，关心工业上动力和机械效率的彭色莱（J. V. Poncelet，1788—1867 年）在《工业力学序论》中给功（work）下了明确的定义。法国科学院在1775 年作出决议，不接受任何"永动机"方案。这些都为普适的能量原理的建立铺平了道路。② "首先我们看到能量概念在 17和 18 世纪由惠更斯和莱布尼茨引入力学学科，以及这个概念如何慢慢从一个纯粹导数，并因此涉及堆块运动（motion of masses）的某些有限的概念，发展到一个强大的描述任何机械系统的行为的方式。与拉格朗日和汉密尔顿的名字联系在一起的这一发展，通过引入高度抽象的'势能'概念，以及应用 18 世纪发展起来的'最小原理'概念而提出。19 世纪能量的概念扩展到涉及电和热自由度的物理系统。"③ 有了能量这个概念，意义很

----

① 何维杰，欧阳玉. 物理思想史与方法论 [M]. 杭州：浙江大学出版社，2001：38.

② 桂起权. 科学思想的源流 [M]. 武汉：武汉大学出版社，1994：190.

③ D W Theobald. The Concept of Energy [M]. ⓒ 1966 David William Theobald Catalogue No. 16/263/63，p. 182.

重大，它不仅适用于力学，也适用于热学、电学、光学，甚至是当代的原子物理和场论等其他科学领域。

到 19 世纪初期，德国的自然哲学把整个宇宙看作是由某种根本性的力量而引起的历史发展的产物，认为自然界的诸力，热、电、磁、光、化学亲和力等在本质上是同一的。这种思辨的自然哲学奠定了自然界诸力相互转化的设想的哲学基础。① 到 19 世纪中期，能量概念已经成为解释各种自然现象的主流概念。1847 年，亥姆霍兹（Herman von Helmholtz）写了一篇《论力的守恒》的论文，提出了一个表示能量守恒的数学公式。他说自然动力或自然力不可毁灭，但可以相互转化，以及能量是守恒的，并在能量守恒的前提下对自然动力的转化进行了分类。这里，亥姆霍兹的"力的守恒"还是一个模糊的概念。②

亥姆霍兹试图根据物质和力的本体论以及运动物体的机械本体论的解释框架来说明能量守恒。要使自然界被理解，就要求自然界遵循因果律，这些因果律就是牛顿的中心力定律。为此，亥姆霍兹求助于康德的自然哲学。为了试图建立牛顿物理学运动定律及万有引力概念的可能性，康德用吸引力和排斥力来讨论物质。亥姆霍兹认为物理科学的问题就是将自然现象归纳到不可替代的吸引力和排斥力，牛顿中心力定律是"理解自然界的必要的概念形式"。对于一个来自固定力心的中心力作用的物体的运动，活力的改变由"张力"这个量的改变来量度，通过论证，他得到了活力守恒原理的一个普遍形式。张力等于中心力与物体到力心距离的乘积。他所宣称的活力与张力之和为恒量的力的守恒原理，取决于物体的运动由中心力定律所制约的假设。在论证中，亥姆霍兹区分了"力"这一术语的双重意义，在谈到活力和张

---

① 桂起权. 科学思想的源流 [M]. 武汉：武汉大学出版社，1994：193.
② ［英］彼得·迈克尔·哈曼. 19 世纪物理学概念的发展 [M]. 龚少明，译. 上海：复旦大学出版社，2000：41.

力的能量时，力指的是牛顿的中心吸引力和中心排斥力；而"活力"和"张力"则相当于后来的"动能"和"势能"。他首次用 $mv^2/2$ 来表示活力，而不是 mv^2。他还进一步把守恒原理应用到热学和电磁学，用物质运动的术语来解释热量，引进了势能和静电势（他称之为张力）并导出了电磁感应定律。"亥姆霍兹关于能量守恒的研究工作的重要性，不仅在于提出了能量原理的数学公式，而且还在于强调了能量概念——与运动物质的本体论和力学解释纲领有关——的统一功能。"①

能量原理的提出来源于拥有思辨哲学传统的德国，而它在实验上的确立则来自具有经验论传统的英国。1843 年，焦耳在英国皇家学会上宣读了《论磁电的热效应及热的力学值》，首次公布了热功当量的实验值，后来又不断改进实验并提高精度。他通过实验测量由摩擦产生的热量的机械值，提出了热的机械等价性概念。同时，焦耳断言，"热量转变为机械效应的可能性"是存在的。他认为，正是依靠"力"的相互转化，才使宇宙保持着有序状态，并且"力"的不可毁灭性表明自然界是自给自足的。一旦上帝确立了自然力的框架，自然力在总体效果上就保持不变了。②

19 世纪之前，科学家采用不可称量流体来解释电、磁、光和热的现象，认为不同的流体是"以太"的各种变种，并把"热素"作为燃烧过程中的不可称量流体。1851 年，W. 汤姆逊写了《论热的动力学》一文，提出了热力学科学的概念所面临的问题。他指出："热不是一种物质，而是一种运动的状态。"意思是说，热是由粒子的运动引起的"动力学"，力学理论才是焦耳学说的物理基础。汤姆逊把能量分为两大类，即"静态的"

----

① ［英］彼得·迈克尔·哈曼.19 世纪物理学概念的发展［M］.龚少明，译.上海：复旦大学出版社，2000：42 - 44.

② 同上书，40.

能量和"动力学的"能量。一定高度的物体、一定带电的物体、一定量的燃料，都包含着"静态的"能量；运动着的物体、光扰动的传播或辐射热通过的一个立方体，以及粒子处于热运动之中的物体，都储存有"动力学"能量。也就是说，电、光、热的现象都可以由能量概念联系起来，并且能量的所有形式都是"机械能"的形式，自然界的所有现象，包括传统意义上的力学问题中的现象，都可以在能量的基石上归结为由力学解释的理论之中。汤姆逊在力学的范畴内确立了能量的地位，能量成为奠定物理学基石的最基本的概念。①

随后，英国格拉斯哥大学的兰金（W. J. M. Rankine）在1852 年至 1955 年间对 W. 汤姆逊的学说作了进一步展开和总结。他把能量的重要地位比作自然界的第一作用因素，强调能量概念在物理学形成系统的、公理的和假设性的基础中的作用。他认为能量是物质处在各种状态下的共同特性，能量是作为一种公理引用的，与物质性质的假设的不确定性无关。借鉴汤姆逊对能量的分类，兰金把能量分为"势能的或潜在能的"和"实在的或敏感的"能量。1867 年，汤姆逊和泰特在《论自然哲学》一文中把这一术语改为"势能"和"动能"。按照兰金的观点，能量转化的基本规律就是：已知能量守恒定律就是宇宙中实际的（动能）和势能之和保持不变。能量物理学的普遍原理确立了物理学的基本框架，我们可以利用能量和能量守恒定律去重新认识对现象的力学解释纲领。②

随着能量概念含义的不断澄清，科学家们意识到力的守恒和能量的守恒是两种不同的概念，之前用"力"或"活力"概念来描述守恒量的做法逐渐被放弃。兰金指出，在力学和引力理论

----

① ［英］彼得·迈克尔·哈曼. 19 世纪物理学概念的发展[M]. 龚少明，译. 上海：复旦大学出版社，2000：57.

② 同上书，58–59.

中所用的力是不守恒的，只有能量才是一个守恒量。他认为力可以被定义为使物体改变运动状态的趋势，而能量的大小是由力和在力的作用下物体运动所通过的距离的乘积来计量的。法拉第在1859年的论文中强调"力"这一术语表示的是"物理作用的起因"，而不是表示物体从甲地到乙地的趋势。到19世纪50年代后，把能量概念看作物理学普遍原理基石的物理学家们都希望从物理学中删去传统的数学上模糊的所谓力的转化和力的守恒概念。①

1867年，W. 汤姆逊和泰特在《论自然哲学》一文中重建了分析动力学，强调了将拉格朗日广义运动方程的物理基础与能量守恒定律结合起来确立分析动力学的框架。他们把能量概念，而不是质量和力的概念作为研究自然现象的最基本物理量，采用了"动力学"而不是"力学"这一术语，用完全抽象的数学方法导出了解析定理的广义运动方程，并发现牛顿运动定律完全可以由此方程导出。麦克斯韦指出，力学系统背后的结构，原则上可以用无穷多种可能的力学模型来描述。与牛顿力学的经验研究不同，这种抽象的数学方法的长处在于，他可以回避特殊的力学模型，系统部件的运动和构形决定的物质系统的能量在不涉及系统构形和运动的深层机制的情况下就能给予说明，并且这种机制是不必考虑坐标的。他们宣称，由于系统的平衡条件和系统的运动条件都可以从能量守恒定律导出，因此能量守恒定律是理解整个抽象动力学的基础。他们把能量作为基本的物理量，明确指出："能量是实实在在的，它像物质一样是不死不灭的。"能量和物质一样，都是自然界的基本成分，力学解释纲领就是在能量概念及其在抽象动力学形式下的应用的基础上完成的。②

----

① ［英］彼得·迈克尔·哈曼. 19世纪物理学概念的发展[M]. 龚少明，译. 上海：复旦大学出版社，2000：61.

② 同上书，68-69.

彭加勒认为，与经典理论相比较，能量学理论具有下述优点：（a）它比较完备。也就是说，哈密顿原理和能量守恒原理告诉我们的东西比经典理论的基本原理更多，而且它排除了某些在自然界中无法实现的可以和经典理论相容的运动。（b）它使我们省去了原子假设，对于经典理论来说，这个假设几乎是不可避免的。并且他认为，动能或活力可以十分简单地用所有质点的质量和相对于它们之一的相对速度来描述。这些相对速度是观察可以达到的，当我们知道作为这些相对速度函数的动能表示式时，那么这个表示式的系数将给我们以质量。[①]

1900 年彭加勒发表了题为《洛伦兹理论和反作用原则》的论文，其中他把电磁能量的特征描绘为"赋予了惯性的流体"。赫伯特·艾夫斯（Herbert E. Ives）在题为《质量能量关系的推导》的论文中提出彭加勒"相对论原则"的详细重建。波恩（Max Born）表示，"能量惯性定律在它的完全普遍性上是由爱因斯坦（1905 年）第一个声明的"。在麦克斯韦－赫兹电磁场方程的基础上，爱因斯坦使得"如果一个物体以辐射的形式释放出能量 E，那么其质量以 E/c^2 减少"得以满足。对所有能量转换推广这一结果，爱因斯坦总结道："一个物体的质量是它能量含量的量度。"但是爱因斯坦自己对公式 $m = E/c^2$ 的推导基本上是错误的，这是科学思想史上一件稀奇的事件。爱因斯坦推导的逻辑不合理性曾由艾夫斯证明。[②]

在公式 $E_k = mc^2 - m_0 c^2$ 中，如果 $m_0 c^2$ 能被理解为是能量的某种形式，就像"结构能量"或"静止能量"，或者如果所有能量能被简化成运动学形式，那么质量和能量仅仅是同一物理存在的

① ［法］昂利·彭加勒. 科学与假设［M］. 李醒民，译. 北京：商务印书馆，2006：103－104.

② Max Jammer. Concepts of Mass: in Classical and Modern Physics［M］. Cambridge: Harvard University Press, 1961, pp. 177－180.

不同名称。尽管物理学至今为止仅仅能够表示辐射和动能的电磁能拥有惯性，但哲学家渴望立即推广这些结果并主张质量和能量的普遍等同。这些想法中最激动人心的部分是那些在探索宇宙统一概念模型中的一元论学派的倡议。古斯塔夫（Gustave Le Bon）在他于 1905 年出版的《物质革命》一书中说道："物质到能量的非物质化"，奥利维尔（Julius von Olivier）于 1906 年宣称："物体的质量同义于它的能量"。之后，贝特朗·罗素在他的著作《人类的知识：其范围和界限》中写道："质量仅是能量的一种形式，没有理由解释为何物质不应该被分解成能量的其他形式。是能量，而不是物质，在物理学中是基础的。"①

按照奥斯特瓦尔德的理解，实物意指在变化的条件下持续的一切事物。② 他把功作为我们碰到的第一个实物，因为功守恒定律是我们在理想力学中适用的第一个守恒定律。

奥斯特瓦尔德通过功转变为动能的案例，以及能量概念在诸如热、光、电等现象中应用的逐渐扩大，认为能量概念是一种更普遍化的概念，因为它包容所有的自然过程，并容许所有对应的值之和用守恒定律表达。它的能量守恒定律的表达为：在所有过程中，现有的能量之和仍然保持不变。③ 他说道："因此，只能在有限的意义上称功是实物，因为它的守恒仅仅限于完善的机械，可是我们可以无条件地称能量为实物，因为在我们知道的每一个例子中都坚持这样一个原理：任何能量从来也不消失，除非另一种能的等价量产生。从而必须把这个能量守恒定律称为物理

---

① 转引自 Max Jammer. Concepts of Mass: in Classical and Modern Physics [M]. Cambridge: Harvard University Press, 1961, p. 180.

② ［德］奥斯特瓦尔德. 自然哲学概念[M]. 李醒明，译. 北京：商务印书馆，2012：100.

③ 同上书，102.

学的基本定律。"①

通过把能量概念应用到力学的划分上，奥斯特瓦尔德认为，静力学属于功的科学或位置的能量（势能）的科学，动力学则是活力的科学或运动的能量（动能）的科学。

我们知道，动能除了依赖速度外，还依赖物体的质量。质量正比于各种物体为达到相同的速度所需要的功。奥斯特瓦尔德认为，因为用合适的手段能够准确地测量功和速度，因此质量适宜于相应准确的测量。也就是说，奥斯特瓦尔德认为质量可以作为一个导出量，而非基本概念。

奥斯特瓦尔德像马赫一样反对对自然现象做力学解释，为以新现象论为基础把各种观测关联起来的科学提供一种认识论，他把唯能论与感觉论联系起来。② 在他 1893 年出版的一本很有影响的化学教科书中，他用"唯能论"的论述替代了之前的力学的描述，并且删去了像原子实体的这些"臆想的"量。按照奥斯特瓦尔德的理论，所有自然现象，最终都能够被设想为物质的运动。他说道："给予质量和重量在空间结合存在这一概念的名称是物质。经验表明，就这些数量来说，也存在守恒定律，按照这个定律，无论在具有重量和质量的物体中可能产生什么变化，在它们的重量和质量之和方面将不会变化。"③ 他认为，之前的科学把实物唯一地指向质量和重量，只不过是未经证明的假设，是站不住脚的。

19 世纪产生了四个守恒定律，分别是动量守恒、电荷守恒、

---

① ［德］奥斯特瓦尔德. 自然哲学概念［M］. 李醒明，译. 北京：商务印书馆，2012：103.

② ［美］科恩，等. 马赫：物理学家与哲学家［M］. 北京：商务印书馆，2015：146.

③ ［德］奥斯特瓦尔德. 自然哲学概念［M］. 北京：商务印书馆，2012：104.

物质守恒和能量守恒。但这四种守恒是有区别的，电荷可能会在没有守恒的情况下消失，矢量动量也可能消失，而物质和能量是不会消失的。19 世纪中叶后，无论是在热学、力学还是电磁学领域，能量守恒原理一直是科学家所关心的问题，直到后来爱因斯坦基于质能关系把这两个守恒归于单一的守恒原理。

用能量概念代替牛顿物理学中最基本的质量和力的概念，并用抽象的数学方法取代牛顿力学的特设概念和模型，是欧洲大陆派理想主义与英国经验主义思想在物理学上的又一次交锋融合。能量概念和其后发展起来的"场"的概念，体现了在不同的机械论立场下物理学家们对物质和空间概念的不同表达，是笛卡儿式机械论对牛顿力学的一次翻转。

第二节 质量与能量的关系

基于彭加勒的辐射动量，1907 年普朗克给出了质量—能量关系的一个正确推导。1908 年康斯托克基于电动力学的考虑，得到了 $E = 3/4mc^2$ 这个推导公式，与汤姆森和哈泽内尔的原始结果一致。同年，路易斯在一篇题为《物质和能量的基本定律的修订本》的论文中，通过从辐射压强理论中推导出方程 $dE = c^2$。1913 年朗之万（Paul Langevin）在他对整数的原子重量推导的解释中，第一次将质量—能量关系应用于核物理学。1933 年班布里奇（Bainbridge）详细讨论过核反应的早期定量测量的精确度程度，证实质量—能量关系的问题。[1] 丹尼尔·斯德克和弗兰克·莱克斯在 1980 年使用多普勒效应推导出质能方程。十年后罗尔利希也这样做了，唯一的区别是前者使用了相对论公式的多

---

[1] Max Jammer. Concepts of Mass：in Classical and Modern Physics [M]．Cambridge：Harvard University Press，1961，p. 181.

普勒效应。朗之万虽然没有使用"多普勒效应"，但其在本质上是相对论公式的多普勒效应。Albert Shadowitz 用相对论公式的多普勒效应重新推导这个方程，并把它称为 P. 朗之万推导，于1968 年把它引进了教科书。[①]

首先，我们给出爱因斯坦在他的《狭义与广义相对论浅说》（1916 年）中关于质量与能量关系的表述：

> 狭义相对论所导出的最重要的普遍结果是与质量有关。相对论之前的物理学知晓两条具有基本重要的守恒定律，即能量守恒定律和质量守恒定律；这两条基本定律彼此之间似乎是完全独立的。凭借相对论，他们已经融合成一个定律。现在我们就来简要说明一下，这种融合是如何实现的以及意味着什么。
>
> 相对性原理要求，能量守恒定律不仅适用于一个坐标系 K，而且适用于每一个相对于 K（简言之，相对于每一个"伽利略"坐标系）做匀速平移运动的坐标系 K'。与经典力学不同，对于这两个坐标系之间的过渡，起决定意义的是洛伦兹变换。
>
> 经过较为简单的思考，这些前提从这个前提出发并结合麦克斯韦电动力学的基本方程，我们可以得出结论：如果一个以速度 v 运动的物体吸收了辐射能量 E_0（E_0 是所吸收的能量，这是从与物体一起运动的坐标系判断的)，且在此过程中未改变速度，则该物体增加的能量为 $E_0 / (1 - v^2/c^2)^{1/2}$。
>
> 考虑到上述动能表示式，所求的物体能量即为

---

① Max Jammer. Concepts of Mass: in Contemporary Physics and Philosophy [M]. Princeton University Press, 1999, p. 71.

$(m + E_0/c^2)\ c^2/\ (1 - v^2/c^2)^{1/2}$。

这样一来，该物体就以一个质量为 $m + E_0/c^2$ 并以速度 v 运动的物体具有相同的能量。因此可以说：若一个物体吸收的能量 E_0，则其惯性质量增加 E_0/c^2；物体的惯性质量并非守恒，而是随着物体的能量变化而变化。甚至可以把一个物体系统的惯性质量看成其能量的量度。一个系统的质量守恒定律与能量守恒定律成了同一个定律，而且质量守恒定律只有在该系统既不吸收能量，也不释放能量的情况下才是有效的。如果把能量公式写成 $(mc^2 + E_0/)\ /\ (1 - v^2/c^2)^{1/2}$ 就会看到，我们一直关注的形式，mc^2 不过是物体在吸收能量 E_0 之前已经具有的能量（从与物体一起运动的坐标系判断）。

目前还不可能将这个关系式与实验直接进行比较，因为我们使一个系统发生的能量改变 E_0 还不能大到足以使系统惯性质量的改变被观察到。与能量改变之前的质量 m 相比，E_0/c^2 太小了。正是由于这种情况，具有独立有效性的质量守恒定律才能成功确立起来。[①]

尽管质量—能量关系作为一个普遍有效性的公式而被普遍接受，但是否所有的质量，没有剩余，都可转化为能量，这仍然是一个开放的问题。1933 年，由布莱克特（Blackett）和欧查里尼（Occhialini）在他们著名的电子对产生的实验以及通过其镜像现象产生的物质灭绝的实验中给出了肯定的答案。1934 年，克伦佩雷尔（Klemperer）明确地证明了一个正电子和一个电子可以互相湮灭并产生 $2m_0c^2$（$= 10^6 ev$）的能量。之后，大量反质子和

----

① ［美］爱因斯坦. 狭义与广义相对论浅说 [M]. 张卜天，译. 北京：商务印书馆，2014：29.

反中子实验对这一争论提供了进一步的支持。可以毫不夸张地说，现代核物理学的发展已不可能没有质能等效的假设。早在1937 年，Braunbeck 就显示了这一关系的实验证实如此牢固地被建立，以至于质能等效不再被视为一个定理，而是可以从其他不甚直接和不甚准确的实验证据的原理推出，并认为应该把能量守恒定律作为物理学的基本原理之一。①

从相对论以及凭借核物理学的证实获得的新的视野使能量概念获得了新的光芒。首先，既然物质可以转换为能量，能量就失去了它的经典不定性，只要增加一个附加常数，它就成为一个有绝对大小的物理量。其次，质量的电磁概念以一个新的视角出现。现在有可能理解汤姆森、海维赛德、洛伦兹、雷恩和亚伯拉罕事实上已经做过的事情。通过电荷位移，静电场产生了磁场，并且两个场都产生了能量和动量的流量，因此，物质的电磁概念的支持者推导出与 E/c^2 成正比的惯性的存在是不足为奇的。②

例如，一个电子—正电子对转变为伽马射线或其镜像，是一个无可辩驳的相对论断言的实验证实，即质量与能量是相互且完全可转化的。这一事实产生了以下基本问题：可互换的两种实体本质上是一样的吗？通常所说的作为实际中的等效是等同的吗？因此"质量"和"能量"仅仅是对于同一物理实在的同义词吗？它——类似于被爱丁顿创造的用来描述电子在波动力学中波粒平行论观点的术语"wavicle"—— 也许可以被称作"massergy"？为了给这些关键问题一个满意且可理解的答案，必须考虑以下因素。③

在前相对论物理学中，如下三个基本的守恒定律是优先重要

---

①　Max Jammer. Concepts of Mass：in Classical and Modern Physics [M] . Cambridge：Harvard University Press，1961，p. 182.

②　Ibid，p. 183.

③　Ibid，pp. 184 – 186.

的：（a）动量守恒（牛顿的重心守恒定律），（b）质量守恒（拉瓦锡定律），以及（c）能量守恒（1842 年迈尔，1847 年霍尔兹）。动量成为三维矢量，这些守恒定律组成五个方程或条件，每一物理过程必须遵守它们。

与之对比，在相对论中只有一个守恒定律：动量—能量四矢量 P 守恒，有四个方程或条件。因此，代替前相对论中两个分开的质量和能量的守恒定律，相对论中质量或能量只有一个守恒定律。因此拉瓦锡定律的严密有效性被放弃，因为既然反应热 Q 作为能量也有质量，那么显然，（前相对论的）"质量"在一个放热反应中减少而在一个吸热反应中增加。在 19 世纪末相对论出现之前的年代，拉瓦锡定律的严格有效性已经被严重地质疑了。[①]

爱因斯坦在1946 年的纽约科学化刊的创刊号上发表了《E = mc^2：我们时代最迫切的问题》一文，为了理解质量—能量相当性定律，他回溯到在相对论之前的物理学中最重要的并且是各自独立的两条守恒定律，即能量守恒定律和质量守恒原理。[②] 我们已经在前面介绍了能量概念的历史。最初是机械能守恒同热能守恒合并成一条原理，之后，把化学过程和电磁过程也包括了进去，能量的总和经历了这些所有过程都始终保持不变。我们已经知道，质量的定义存在两种根本不同的方式，一是把质量定义为物体反抗它的加速度的阻力，即惯性质量；二是按照物质的重量来量度质量，即重力质量或引力质量。根据质量守恒原理，在任何物理变化和化学变化下，质量都保持不变。正是因为质量是不变的，这种特性使得人们将质量作为物质的基本性质。

----

① Max Jammer. Concepts of Mass：in Classical and Modern Physics［M］. Cambridge：Harvard University Press，1961，p. 187.

② ［美］爱因斯坦. 爱因斯坦文集：第一卷[M]．许良英，等译. 北京大学出版社，2013：586.

由于狭义相对论，质量守恒原理同能量守恒原理合并在了一起，或者更确切地说，是能量守恒原理吞并了质量守恒原理，从而独自占领了整个领域。按照爱因斯坦的理论，质能公式 $E = mc^2$，E 是静止物体所含的能量，m 是它的质量，属于质量 m 的能量等于这质量乘以光的巨大速度的平方，也就是说，对于每一个单位质量都有一个巨大数量的能量。但是，为什么我们没有觉察到质量与能量之间的这种转化呢？对此，爱因斯坦表示："如果每一克物质都含有这样巨大的能量，为什么它会那么长期地没有引人注意呢？答案是够简单的：只要没有能量向外放出，就不能观察到它。好比一个非常有钱的人，他从来不花费或者付出一分钱，那就没有谁能够说出他究竟有多少钱。现在我可把这关系反过来，说能量增加 E，必定伴随着质量增加 E/c^2，我能够方便地把能量供给物体，比如，我把它加热 10（摄氏）度。那么，为什么不去度量同这个变化相联系的质量增加或者重量增加呢？这里的困难是，在质量增加中，这个分数的分母里出现了非常大的因子 c^2，在这样的情况下，这个增加太小了，不能被直接量出；即使用最灵敏的天平也称不出来。"[①]

爱因斯坦还列举了放射性裂变过程中质量的变化，说明裂变产物的质量总和比裂变原子的原来质量要少些，但两者的差值在数值上大约是 1‰ 的数量级。

上面关于质能关系的讨论推导，只是涉及了物体的惯性质量，而我们已经知道，惯性质量和引力质量是有概念上的区分的，前者决定了物理对象的惯性行为，而后者则决定了物体的重量。那么，质能关系是否也适用于引力质量。答案是肯定的。爱因斯坦早在 1907 年对狭义相对论进行讨论的论文中就提到了这

① ［美］爱因斯坦. 爱因斯坦文集：第一卷［M］. 许良英，等译. 北京大学出版社，2013：588.

一问题，在文章的结尾处讨论能量守恒定律时，他表明，除了能量 E，能量积分还包含一项 $E\Phi/c^2$，其中 Φ 是该地点引力势。由此他得出结论认为，"对于每一个能量 E 总是有属于引力场和引力质量幅度 E/c^2 一样大的能量"。换言之，质能关系对引力质量的概念也被证明是有效的。

雅默指出，关于质能关系的哲学问题，即质能方程 $E = mc^2$ 的含义，迄今至少有两种不同的解释。[①] 一个解释是，这个关系表示质量转化为能量或相反能量转化为质量，一个实体被消灭而另一个实体被创建；另一个解释是，方程表示的只是一个实体的两个表现形式的属性之间的数量关系，而本体基质没有发生任何消灭或创建。

关于质量与能量关系的辩论，许多学者提出了不同的主张。1976 年沃伦（J. W. Warren）进行了一项民意调查。[②] 他调查了 147 名科学和工程的学生，其中他问到以下声明是否正确："一个核电厂和一个燃烧煤或石油的电厂的不同在于，它根据 $E = mc^2$ 把质量转换为能量"，只有 32 名学生发现"把质量转换为能量"这个表达是有问题的。另一个同样关于这种"误解"的名单出现在科学出版物中，其中包括赫尔曼·邦迪（Hermann Bondi）和 C. B. Spurgin 的大英百科全书。他们建议不要忘记：1. 能量有质量，2. 能量始终是守恒的，3. 质量永远是守恒的，4. 从来没有使用"质量和能量的等价"。他们的意见引起了一些热烈的辩论。皮尔斯（Rudolf Peierls）称这些规则"教条化"了，尤其对规则 2 和 3 感到反感，原因如下：当谈到实体的质量时，通常意味着其组成粒子的静止质量总和，谈到能量时，则意味着除

① Max Jammer. Concepts of Mass: in Contemporary Physics and Philosophy [M]. Princeton University Press, 1999, p. 85.

② J W Warren. The Mystery of Mass-Energy [J]. Physics Education 11, pp. 52 – 54（January 1976）. 转引自上书，p. 87.

了静止质量外的可用的能量。"因此，在低能量状态下我们只考虑了动能和势能，如果要考虑一个在能量方程中很大，但基本不变的静止质量的话，将是很不方便的。对于第四点，在同一问题上，迈克尔·内尔肯（Michael Nelkon）注意到爱因斯坦多次使用了"质量和能量的等价"这一的表达，例如，在他 1935 年推导的质能关系的标题中，其结论词为：方程 $E = mc^2$ "表示质量和能量的等价"。

内尔肯引述了很多教科书中使用的"等价"一词，认为严格来说，"等价"是不置可否的，它是带有心理内涵的，它让我们想起"机械功和热等价"，或者说，"相当于热的机械功"。他通过论证表明，$Q = JW$ 可以正确地被解释为功转换到热（反之亦然），$E = c^2 m$ 却不能表明质量能转换为热（反之亦然）。原因为：在 $Q = JW$ 中，换算系数 J，是同物理量纲下物理量之间的比例关系，是一个纯粹的数字，"换算系数" c^2 在 $E = c^2 m$ 中却不是，因为光速 c 是有自己的单位的。总而言之，E 和 m 有不同的物理量纲，因此不能互换。[①]

从历史上可以注意到，20 世纪五六十年代，在讨论有关相对论与辩证唯物论思想的相容性时，质能关系的解释问题发挥了重要作用，其中辩证唯物论思想是得到苏联和其他在东欧社会主义国家官方认可的哲学。在对列宁著作的注释上，马克思主义哲学家认为物质，或作为质量的物理表现，"任何时候消失了……没有出现什么东西"，同时"能量仅仅是用来衡量物质的运动"。这些思想，在逻辑上导致了对质量与能量互换解释的强烈谴责。那个时候在苏联的物理和哲学主要期刊中有很多这方面的文章，同样，德意志民主共和国和其官方哲学报刊 *Deutsche Zeitschrifl fur*

----

① Max Jammer. Concepts of Mass：in Contemporary Physics and Philosophy [M]．Princeton University Press, 1999, p. 88.

Philosophie 也发表了不少有着同样主张的文章。①

第三节 基于匀速运动范式和4-动量
守恒的质量与能量概念

朗格（Lange）在2001年根据依赖框架相关属性和框架不变属性之间的区别，反驳了能量和质量是同一物质的不同表现形式。朗格认为能量是框架相关属性，是非客观的，在性质上与表示客观属性的牛顿物理学中的物质的量是不同的。根据朗格，任何依赖于坐标系的量在给定的惯性系中所假定的值不仅反映了现实，而且反映了该参考系的特定视角；洛伦兹不变量就是那些只依赖于宇宙真实情况的量，不受我们在描述宇宙时所用特定视角的影响。由此他认为，相对论质量是一种主观属性，受到用来定义他的参考系的影响；同时由于在相对论中，静止质量不是一个可加性的量，因此也不是表征物质的量的客观属性。因此，对于朗格来说，在相对论中质量的惯性作用构成了它的本质意义，相对论中的质量没有牛顿物理学中的物质的量这个作用，"物质的量"在相对论中没有"客观的"候选项。②

O. Belkind 赞同朗格关于相对论质量和能量都是非客观属性的观点，但是他认为在相对论中静止质量虽然没有占据物质的全部质量，但这一事实并不意味着相对论中没有物质的量。他认为框架相关属性和不变属性之间的区别不应该被看作是主观属性和客观属性的分界线。这种区别只是向我们表明度量是依赖于尺度的，使用不同的尺度来表示相同的属性并不会降低它的客观性。

---

① Max Jammer. Concepts of Mass: in Contemporary Physics and Philosophy [M]. Princeton University Press, 1999, p. 89.

② O Belkind. Physical Systems [J]. Boston Studies in the Philosophy of Science, 2012, pp. 206 – 208.

在所有参考系中，复合体系的相对论质量是各非重叠部分的相对论质量之和，因此相对论质量作为物质的量的作用时，不存在主观或观察者依赖性。[①]

由于物质的量是控制系统动量组合规则（Rule of Composition）的逻辑结果，因此相对论质量守恒与动量守恒是不独立的。也就是说，如果假设动量在各种参照系中守恒，那么意味着相对论质量也是守恒的。[②] 因此，我们不能把适用于动力学定律的组合规则（如动量守恒）孤立于适用于物质属性（如质量守恒）的组合规则。那种认为动量守恒用于描述物体的动力演化，质量守恒用于构成物质的属性的观点，是一种形而上学的错觉。[③]

例如朗格的说法，他认为部分和整体经历着完全相同的自然法则。根据朗格的说法，即使系统的运动似乎只是各个部分的运动，但在描述的每一个层次上运动都遵循同样的规律。每一部分有它的质量值，每一部分的质量值都把加速度和作用于它的力联系起来。然后，宏观物体有它的质量值，这个宏观质量与各个部分所遵循的规律相同。这对于独立于系统运动只是部分的运动这一事实的整个系统是成立的。这种观点认为，动力学规律的增加在很大程度上与物质属性的增加有相同的方式。Belkind 认为，这种观点源于想象属性和定律是描述不同的本体论实体，即动力学定律描述状态的变化，而质量参数描述固有的物质属性。按照Belkind 的观点，动力学定律和物质特性都是由运动运动范式几何和物理系统结构的前提所决定的。也就是说，一旦设定了匀速运动范式几何、隔离准则和组合规则，质量的物质属性就完全确定了。决定动力学的相同前提决定了物质的属性，动力学定律的

---

① O Belkind. Physical Systems [J] . Boston Studies in the Philosophy of Science, 2012, p. 208.

② Ibid, p. 208.

③ Ibid, p. 210.

增加与物质属性的增加遵循相同的前提。①

　　Belkind 认为，方程 $\triangle E = \triangle mc^2$ 没有描述质量转化为能量的过程，而是描述了复合体系的静止质量与各组成静止质量之间的差异。对此，我们需要消除一个深层次的错觉，即"质量"或"能量"代表了某些物质基础，而这些物质基础是物理过程的基础。Belkind 认为，应该把质量和能量看作是匀速运动范式几何的扩展，物理对象不存在固有的原始物质本质。人们通常倾向于认为质量和能量代表物质，原料在相互作用中保持其同一性；而速度和动量不同，它们是物质的状态。他认为，这种内在属性（如质量）和物质状态（如速度和动量）之间的划分是形而上学偏见的产物。这种偏见将物质实体划分为物质和形式，它来源于亚里士多德的区分，亚里士多德认为所有属性要么是本质的，要么是偶然的，依此，质量被认为是物质的一个本质属性，而速度是物质的一种状态，是偶然属性。正是这种偏见造成了我们思维中能量概念的混乱。能量有时被当作物体的一种状态，而由于质能转换，它有时又被认为是物质的本质。如果我们不再把性质看作是物体的形式，无论是本质属性还是偶然属性，那么整个混淆就可以避免。②

　　基于此，Belkind 宣称，物体不是具有示例于其中的物质实体，只有运动状态和描述物理系统结构的定律。物体的永恒性就是结构的永恒性，要么是控制着整个系统的相同的匀速运动范式结构，要么是控制着一个系统的各个部分及其组成部分之间关系的同一结构。这些过程中只有 4 - 动量守恒，4 - 动量不由任何物质构成，它只是由一种特定的参考系描述的运动。

　　Belkind 认为，对物质实体存在的错觉最终来源于我们的语

----

　　①　O Belkind. Physical Systems［J］. Boston Studies in the Philosophy of Science，2012，p. 210.

　　②　Ibid，p. 214.

言的表层语法，这种语法总是将谓语属性赋予主语实体。质量和能量的守恒诱使我们认为它们是谓语的普遍共同主语，是物质的本质属性。因为它们似乎是构成物质的基石。而质量和能量作为匀速运动范式几何和 4 - 动量守恒的结果，它们在逻辑上是次于运动的，它们来自坐标参考系，而坐标参考系是测量运动的一致性所必需的。将物体的静止质量看作类似于惯性参考系之间的变换，其中不同的 4 - 动量表示物质在不同的参考系中的四维速度。一旦对物理系统的性质作出明确的假设，根据组合运动规则，不同的膨胀系数可以归因于不同的粒子，这样就可以把一个特定物体的质量参数看作是一个与运动的不同表现形式相关的几何参数。①

一般来说，近代科学的形而上学前提是，现实被分为三个不同层次，即时空、物质属性和控制着物质行为的自然法则。时空告诉我们物质在哪里，物质属性告诉我们物体拥有什么，而自然法则预测物质随时间如何行动。牛顿物理学的标准解释需要空间和时间才能够成为粒子所在的容器，每个粒子都具有物质固有的质量属性，运动定律决定了物体的运动状态如何随时间变化。Belkind 认为，虽然狭义相对论彻底改变了我们对物质的理解，但它并没有改变将现实分割成时空结构、一系列物质属性和自然法则的形而上学的倾向。②

根据 Belkind 的分析，牛顿从物质不可穿透性中得到物质的量和惯性的概念，对他而言，质量是一个几何概念，同时也是惯性作用力的来源；后来，由于马赫等人从实证主义的角度出发，逐渐忽视了质量概念的几何起源，把现实清楚地分割成几何规律和孤立的固有物质属性，导致"物质的量"被"质量守恒定律"

----

① O Belkind. Physical Systems [J]. Boston Studies in the Philosophy of Science, 2012, pp. 214 - 215.

② Ibid, p. 217.

所代替，并且惯性质量被当作质量的定义。因此导致了对于大多数物理学家而言，认为相对论的发现似乎证实了质量不是物质的量，静止质量不再是守恒的，一个不同的、更普遍的守恒定律控制着世界，在其中，质量可以被转化为能量，反之亦然。

第六章　广义相对论与场论中的质量概念

第一节　广义相对论中的质量概念

一、惯性质量与引力质量的等效原理

关于等效原理，爱因斯坦在《狭义与广义相对论浅说》（1916 年）中写道：

> 与电场和磁场不同，引力场显示出一种极为显著的性质，这种性质对于以下讨论至关重要。只有在引力场作用下，运动的物体会得到一个与物体的材料和物理状态都毫无关系的加速度。例如，如果在引力场中（在真空中）让一个铅块和一个木块从静止或以相同的初速度开始下落，则它们的下落将完全相同。根据以下思考，我们还可以用一种不同的方式来表述这个极为精确的定律。
>
> 根据牛顿运动定律：（力）＝（惯性质量）×（加速度），其中"惯性质量"是被加速物体的一个特征恒量。现在，如果引起加速的力是引力，则有：（力）＝（引力质量）×（引力场强度），其中"引力质量"同样是物体的一个特征恒量。由这两个关系式可以得出：（加速度）＝［（引力质量）／（惯性质量）］×（引力

场强度）。

　　现在如果正如经验表明的那样，加速度与物体的本性和状态无关，而且在给定的引力场中加速度总是一样的，那么引力质量与惯性质量之比对于所有的物体都必须是一样的。因此，通过适当选取单位，我们可以使这个比等于1。于是有如下定律：一个物体的引力质量等于它的惯性质量。

　　迄今为止的力学虽然记录了这个重要的定律，但并没有对其进行解释。想要得到令人满意的解释，就必须认识到：物体的同一种性质根据不同情况或表现为"惯性"，或表现为"重性"。[①]

接着，爱因斯坦用他著名的箱体思想实验说明了这个问题与广义相对性公设是如何联系起来的：

　　惯性质量与引力质量相等作为广义相对性公式的一个论据。

　　我们设想在空无所有的空间中有一个宽敞的部分，它距离众星和其他巨大质量非常遥远，我们已经足够精确地拥有了伽利略基本定理所要求的情况。这样就有可能为这部分世界选取一个伽利略参照物，使得相对于该参照物处于静止的点继续保持静止，相对于它运动的点继续做匀速直线运动。我们设想一个如房间般的宽敞的箱子作为参照物，里面有一个配有仪器的观察者。对于这个观察者而言，引力当然不存在。他必须用绳子把自

----

① ［美］爱因斯坦. 狭义与广义相对论浅说［M］.张卜天，译. 北京：商务印书馆，2014：40 - 41.

已拴在地板上，否则只要轻触地板，他就会朝着房子的天花板慢慢飘起来。

在箱盖外侧中央处固定一个钩子，钩上系有绳索。现在有一个东西开始以恒力拉这根绳索，于是箱子连同观察者开始匀加速"上"升。经过一段时间，它们的速度将增大到极大——倘若我们从另一个未用绳牵的参照物来判断这一切的话。

但箱子里的人会如何看待这个过程呢？箱子的加速度是通过箱子地板的反作用传给他的。因此。如果不愿整个人贴在地板上，他就必须用腿来承受这个压力。于是，他站在箱子里其实与站在地球上的一个房间里完全一样。如果他释放此前拿在手里的一个物体，箱子的加速度就不再会传到这个物体上，因此该物体将以加速的相对运动靠近箱子地板。观察者将会更加确信，物体相对于地板的加速度总是大小相同，无论他用什么物体来做实验。

基于对引力场的认识，箱子里的人将会得出结论，他和箱子处于一个极为恒定的引力场中。当然他会一时好奇，为什么箱子没有在这个引力场中下落。但正是这时，他发现箱盖中央有一个钩子，钩子上系着拉紧的绳索，所以得出结论，箱子被静止地悬挂于引力场中。

我们是否应当讥笑这个人，说他理解错了呢？我认为，想要保持前后一致，我们不应该这样说他，而是必须承认，他的理解方式既不违反理性，也不违反已知的力学定理。虽然箱子相对于事先考虑的"伽利略空间"在做加速运动，但我们仍然可以认为箱子处于静止。因为我们有充分理由把相对性原理推广到相互做加速运动的参照物，从而获得了一个强有力的论据来支持一个推广的相对性公式。

　　我们一定要注意，这种理解方式的可能性是以引力场能使所有物体获得相同的加速度这一基本性质为基础的，也就是说，以惯性质量和引力质量相等这一定律为基础。倘若这个自然定律不存在，正在做加速运动的箱子里的人就不能通过假定一个引力场来解释它周围物体的行为，就没有理由根据经验假定它的参照物是"静止的"。

　　假定箱子里的人在箱盖内侧系根绳子，绳子的自由端固定一个物体。如果绳子处于紧张状态，"竖直地"垂下来，我们问绳子紧张的原因是什么。箱子里的人会说："悬挂着的物体在引力场中受到一个向下的力，这个力为绳子的张力所平衡；决定绳子张力大小的是悬挂着的物体的引力质量。"然而另一方面，一个在空中自由漂浮的观察者会对事态作出这样的判断："绳子被迫参与箱子的加速运动，并把这个运动传递给了固定在绳子上的物体。绳子的张力大小恰好能够引起物体的加速度。决定绳子张力的大小是物体的惯性质量。"由这个例子可以看出，我们对相对性原理的推广使惯性质量和引力质量相等这一定律似乎有了必然性。这样就得到了对该定律的一种物理解释。①

　　下面，我们用公式来说明弱的等效原理及其不同版本。② 由方程 $F = m_i \vec{a} = -m_p \text{grad} U$，引入当地重力加速度 g，定义 $g =$

----

　　① ［美］爱因斯坦. 狭义与广义相对论浅说［M］. 张卜天，译. 北京：商务印书馆，2014：41－43.

　　② Max Jammer. Concepts of Mass：in Contemporary Physics and Philosophy［M］. Princeton University Press，1999，pp. 96－97.

$- gradU$，因而产生方程

$$a = (m_p/m_i)g \qquad (6-1)$$

方程显示，在指定的位置所有物体（真空中）以相同的加速度下落，或者，如果从静止释放，在相同的时间内通过相同的距离（当且仅当 m_p/m_i 对于所有的物体有相同的值）。如果的确是这种情形，选择合适的单位是很方便的，从而，使得这个比例为单位元素或者

$$m_i = m_p \qquad (6-2)$$

考察历史上最重要的地表附近进行的自由落体案例，将会为我们的以上论证提供进一步支持。根据泊松方程或牛顿的万有引力定律，地球表面的引力势能为

$$U = - GM_a/R \qquad (6-3)$$

G 是引力常数（$6.67 \times 10^{-11} m^3 kg^{-1} s^2$），$M_a$ 是地球的主动引力质量（$5.98 \times 10^{24} kg$），R 为地球的半径（$6.37 \times 10^6 m$）。因此

$$g = |- gradU| = GM_a/R^2 = 9.82 ms^{-2} \qquad (6-4)$$

如果 $m_i(B_1)$，$m_p(B_1)$ 分别表示物体 B_1 的惯性质量和被动引力质量，那么有

$$m_i(B_1)g(B_1) = m_p(B_1)GM_a/R^2 \qquad (6-5)$$

其中 B_1 的加速度由 $g(B_1)$ 表示。

类似地，对于任意物体 B_2，它和 B_1 在化学成分、大小和结构上不同，我们得到

$$m_i(B_2)g(B_2) = m_p(B_2)GM_a/R^2 \qquad (6-6)$$

并由前面的等式减去上面的等式得到

$$g(B_1) - g(B_2) = \left[\frac{m_p(B_1)}{m_i(B_1)} - \frac{m_p(B_2)}{m_i(B_2)}\right]\frac{GM_a}{R^2} \qquad (6-7)$$

因为 B_1 和 B_2 是任意物体，所以这个方程证明所有物体在地球表面以相同的加速度下落，当且仅当 m_p/m_i 对所有的物体有相同的值。对于所有的物体，不管它们的重量、大小、形状、结构或材

料组成，m_p/m_i 相同，或以恰当的单位 $m_i = m_p$，这个陈述称为弱的等效原理，或简称为 WEP。这一术语由狄克在 1959 年创造，他将之定义为"假设物体的引力加速度与其结构无关的原理"。[①]

在目前对两种版本的 WEP 进行区别，即它的运动学版本 WEP_{kin} 和它的动力学版本 WEP_{dyn}，前者描述了在一给定位置所有物体以相同的加速度下落，后者描述了 $m_i = m_p$。WEP_{kin} 也可以被称为自由落体的普遍性原则（UFF）。雅默指出，我们区别 WEP_{kin} 和 WEP_{dyn} 是出于逻辑的和历史的考虑。[②] 他认为，WEP_{kin} 在任何意义上都不预示着质量的概念，在质量概念被构想出来之前，它在历史上先于 WEP_{dyn}。事实上，WEP_{kin} 违背了亚里士多德的命题，即同样材料重的物体比轻的物体先落地。也可以追溯到古老的原子论者，例如，约公元前 300 年的萨摩斯岛的伊壁鸠鲁，在他给希罗多德的信中宣称，"原子当它们通过真空运动时一定以同样的速度下降（isotacheis）"。相似地，6 世纪的菲罗帕纳斯（Ioannis Philoponus）——亚里士多德物理学的早期评论家之一——写道："如果你从相同的高度让两个物体下落，其中一个物体的重量是另一个的很多倍，你会发现运动所需的时间比率不依赖于重量的比率。"

在此菲罗帕纳斯显然预期了伽利略著名的但可能只是杜撰的落体实验，即让两个不同重量的物体同时从比萨斜塔的顶端落下，结果显示它们同时到达地面。在这个实验中，他设计"通过简短和令人信服的论据，去证明相同材料重的物体并不比轻的物体下落得快。"伽利略想象一块轻的石头被绑在一块重的石头上，

----

① R H Dicke. New Research on Old Gravitation [J]. Science 129, pp. 621 – 624 (1959). 转引自 Max Jammer. Concepts of Mass：in Contemporary Physics and Philosophy [M]. Princeton University Press, 1999, p. 97.

② Max Jammer. Concepts of Mass：in Contemporary Physics and Philosophy [M]. Princeton University Press, 1999, p. 98.

当它们落下，根据亚里士多德的理论，轻石将会减慢重石的速度，从而复合系统应该比重石下落得更慢；但是由于这个复合系统比重石更重，所以它应该比重石下落得更快。这样伽利略就证明了亚里士多德的同样材料重的物体比轻的物体下落更快的论断是自相矛盾的。① 但是应当指出的是，如果两个研究对象是由不相同的物质组成的，那么伽利略的论点就会失去其合乎逻辑的说服力。

现在来看 WEP_{dyn}。众所周知，牛顿是首个对它进行明确构想乃至在实验上检验的人。然而，这个弱等效原理的版本似乎也有一个史前时期，像 WEP_{kin} 一样也可以追溯到伊壁鸠鲁。在他的专著《产生和堕落》（*On Generation and Corruption*）中，亚里士多德引用了德谟克利特的说法，即"任何不可分的（原子）越多地（在体积上）超过，它就越重。亚里士多德在这里用于"重"的术语是"baryteron"，相对于"barys"，它表示"heavy"。亚里士多德于是明确将重或重量归因于德谟克利特的原子。但这些原子有重量的观点，已经被公元前 2 世纪的古希腊哲学家论述的编辑者埃提乌斯在他的声明中完全否认了，他声明"德谟克利特说原子不具有重量，但是会作为相互碰撞的结果在宇宙中运动"。关于这两个明显矛盾的陈述到底哪一个正确的问题，引起了很多古代哲学家的兴趣。②

我们知道，伽利略没有发展出质量的概念。诚然，他偶尔使用了术语"massa"，例如，在他的 *Discorsi* 一书中，但是仅在"物质"或"材料"的一般意义上使用。那些前面已描述的实验和那些他用斜面和钟摆来做的实验因此只能作为 WEP_{kin} 的检验

---

① ［意］伽利略. 关于两门新科学的对话［M］. 北京：北京大学出版社，2006：62.

② Max Jammer. Concepts of Mass: in Contemporary Physics and Philosophy［M］. Princeton University Press, 1999, p. 99.

被解释。因此，雅默认为，对于"伽利略等效原理"这一表述，历史上我们有时将其理解为包括 WEP_{kin} 和 WEP_{dyn} 两者在内，这其实是一种误解。

第一个正式宣布并用实验证明 WEP 且得到广泛认可的人是牛顿。① 他将两个钟摆并排悬挂，分别装上木材和铅两种不同材料，他让它们摆动较长的一段时间后，寻找它们之间的相差。他的结论是，比值 m_i / m_p 对两种物质是相同的，精确度达到千分之一。通过反复实验，用银、玻璃砂、食盐、小麦都得到了同样的结果。牛顿意识到这个关系的重要性。虽然他只在他的《原理》中的第 3 卷，命题 6 描述了这个实验，但是在他定义质量之后，就在他著作的最开始就提到了这个结果。他这样做可能是因为他认为这个比例提供了一个操作定义，或者说提供了一种测量质量的方法，因为重量可以通过天平很容易地被测量。

然而，在物理学史上具有讽刺意味的是，牛顿赋予其如此的重要性的 m_i 和 m_p 之间完全相同的比例性，却成了爱因斯坦建构其广义相对论的起点和基石，并用它来驳斥和取代牛顿物理学。有观点认为，牛顿在其第三运动定律的推论 5 和推论 6 中已经预测到了现代术语学所说的"强等效原则"，这一原则正是广义相对论的基础。

在开始相对论的一般性理论建构之时，爱因斯坦没有任何观测证据的支持。当然，一些观测，如水星近日点运动的发现，自 18 世纪 50 年代后期被知道以来，引起了经典引力理论的修改。但关于如何修改它，他们并没有提供任何线索，更不用说如何用完全不同的概念方案取代它。相比，所有其他的现代物理学理论，特别是量子力学和基本粒子的理论，都是来自大量的详细观

---

① Max Jammer. Concepts of Mass: in Contemporary Physics and Philosophy [M]. Princeton University Press, 1999, pp. 100 – 101.

测。考察广义相对论的开端，就会发现除了它的物理定律的广义协方差的方法论假设外，它只基于一个物理假设，即 m_i 和 m_p 之间的比例，而且在当时爱因斯坦认为这仍然是需要观测证实的。[1]

那么，为什么 *WEP* 被称为"弱"等效原理? 答案与爱因斯坦朝向广义理论的道路上的第一步有密切的关系。在他 1907 年关于相对论的总结性论文中，爱因斯坦详细描述了他如何将相对论原理扩展到匀加速参考系。他考虑了两个参考系 S 和 S'，前者在给加速度的均匀引力场中保持静止，对于所有物体 g 沿着它的 X 轴方向，后者以相等加速度 g 且沿相同的轴被加速，"就我们所知，关于 S' 的物理定律并非不同于关于 S 的; 这源于所有物体在引力场中同样地加速。因此，我们没有理由去假设在目前我们实验的状况下，系统 S' 和 S 有任何方式的不同，因此在下文中将假设引力场和对应的加速参照系完全物理等价"。

惯性和重量的比例性，或更确切地说，m_i 和 m_p 的相称性在牛顿物理学中是一个完全无法解释的偶然的事实，但它已经在爱因斯坦的广义相对论中得到解释。类似于电荷，m_p 担任"引力荷"的角色，它完全独立于物体的惯性质量，鉴于这一事实，m_i 和 m_p 的相称在牛顿物理学中是偶然的这一说法是很难被否认的。在物体的比率 m_p/m_i 的不同世界，将在逻辑上与牛顿物理学和其运动定律的概念框架不相矛盾，虽然如此，在经典物理学的历史上仍有大量的争论纪录，声称证明此比例性的必要。例如，休厄尔和奥斯特瓦尔的论证，以及安德鲁和斯托扬的论文，但最终都被拒绝。[2]

有人认为，爱因斯坦在解释 m_i 和 m_p 之间的相称性时也需要

----

[1] Max Jammer. Concepts of Mass: in Contemporary Physics and Philosophy [M]. Princeton University Press, 1999, pp. 103 – 104.

[2] Ibid, p. 106.

做出关键性的说明，因为比例的有效性有赖于"解释"这一名词的含义。根据广为接受的亨佩尔－奥本海姆（Hempel-Oppenheim）的"覆盖定律模型"或许多它的供选方案，解释是从一般规律到有待解释事物的逻辑推演。因此，一个有待解释的事物是否能在特定的理论框架下被解释就在于建立此理论的一般规律。爱因斯坦的广义理论基于"引力场和对应的参考系加速的完全物理等效"这一假设。爱因斯坦 1907 年的概括性论文和 1911 年的声明，即"能量具有与它的惯性质量相等的引力质量"，这个假设被称为一种"假说"。但是在这之后的 1912 年关于光线的引力弯曲的论文中，这一假设被提升到"原理"的地位，并首次被称为"等效原理"。从此，这一原理和相对性原理一起，成了新理论中最普遍的规律。由于等效原理暗含着 $m_i = m_p$，那么说广义相对论解释了这一关系就是合理的。[①]

第二节　场论中的质量概念

一、场概念的历史

我们在前面的论述中已经看到，到 18 世纪，牛顿理论得到普遍的接受，但也有反对的观点。康德曾试图调和莱布尼茨和牛顿的观点，但后来他放弃了，转而支持牛顿。康德试图通过欧几里得几何的先验性证明牛顿绝对空间的逻辑必然性，但 19 世纪非欧几里得几何的产生和应用，最终证明了康德的努力是徒劳的。"就超距作用而言，康德愿意容忍它在理论解释中的存在，但不愿意承认这样一种机制实际上在起作用。这可能被认为是理

---

① Max Jammer. Concepts of Mass: in Contemporary Physics and Philosophy [M]. Princeton University Press, 1999, p. 108.

论只是'拯救现象',而没有解释任何物理现实。然而,如果这是康德的意图,那就值得怀疑了。在他的《自然科学形而上学基础》中,他把吸引力和排斥力都重新定义为同样基本的,吸引力作用于远处,排斥力作用于物质所在地。"①

牛顿关于光微粒的观点,即中心力学说,已经有了接近场论的倾向。博斯科维奇(R. J. Boscovich)认为粒子是没有物质范围的点,它产生了力场,其吸引和排斥性随径向距离的变化而变化,他提出了一个远距离运动的模型,此模型体现了菲尔德场论的一些特征。这些观点后来由法拉第等人发展成为场论。

"场"这一概念和理论是描述物质不同于"粒子"理论的另外一种理论。"磁场"这一术语是1845年由法拉第引入物理学的,随后1849年,W. 汤姆逊在给法拉第的信中最先使用的"力场"的术语;麦克斯韦最先提出了"电磁场"这个概念,在他1865年的论文《电磁场的动力学理论》中,给场的概念做了最早的明确定义。他指出:"由于电磁场必定与带电体或磁性物质周围的空间有关,因此我提出的理论可以称为电磁场理论。"场的概念不支持超距作用理论,在电磁场中,力是通过各带电体或磁体之间的空间存在的场的所谓连续元素的作用机制来传递的。② 场作为一种媒介传递机制,起到类似于"以太"在接触作用机制中的作用。场既可以表征为力场,也可以用力的空间分布的术语来表示。

关于场的结构,法拉第提出了两种类型,第一种是以周围介质的连续粒子为中介的场,例如,电作用是通过布满物质(电介质)空间的连续粒子的作用来传递的;第二种是断言力线为第一性的场。这两种不同的类型涉及对场和物质性质之间关系问题的

① DW Theobald. The Concept of Energy [M]. London: Spon, 1965.
② [英]彼得·迈克尔·哈曼. 19世纪物理学概念的发展[M]. 龚少明,译. 上海:复旦大学出版社,2000:71.

不同看法。法拉第指出，根据原子论，原子并不是彼此接触的，而且如果紧邻粒子间的作用不存在的话，那就必须说明原子之间的空间会有一种传递粒子间的力的作用。法拉第认为，空间不具有类似于材料物质的因果特性或分布特性，"纯空间不能像物质那样起作用"，因此，原子论和虚空都应被抛弃。他断言，物质不可能是由广延的不可重叠的原子所组成的，而是应该设想物质是充满空间的"动力"媒介所组成的，即"物质由动力组成"。这一物质理论否定了牛顿的物质理论，即粒子的不可穿透性和不可分割性；也否定了牛顿用物质和力的二元论来定义物质属性（即设想物质是由产生引力和斥力作用的实心点所组成的）。根据法拉第的理论，"物质是整体连续的，在考虑物质时我们不必考虑物质的原子和所处间隙间的差别"。物质借助其"动力"的本质就可以定义物质的属性，物质连续地向周围的空间延伸，所谓物质"粒子"间的相互作用就是"力中心"间的相互作用，或者说动力的分布是在空间弥散开的。①

　　在 1852 年的《磁力线的物理特征》的论文中，法拉第明确指出："力同力之间的关系只可能是力通过周围空间的曲线同曲线的关系，而且如果中介空间中没有物质实在的东西存在，我们便无法设想力的曲线是何道理。"也就是说，力线就是物理实在的原始实体，而不只是表示极化粒子排布的符号。这里，磁场的实在性就体现在力的实在性上。但这种把力线作为第一性的场的观念与他之前的动力物质空间整体性的观点并不一致。之后，W. 汤姆逊和麦克斯韦试图从"以太"的力学理论出发，再一次以机械论解释为纲领，对力传递做了系统研究，以期获得对场的作用机制的前后一致的表述。②

----

① ［英］彼得·迈克尔·哈曼.19 世纪物理学概念的发展［M］.龚少明，译.上海：复旦大学出版社，2000：75 - 76.

② 同上书，77.

W. 汤姆逊在关于电学理论的最初研究中，通过类比热现象和电现象之间的数学相似性，指出，尽管热现象和电现象之间的数学对应性并不能说明静电力传播的物理假设一定正确，但数学上的对应性暗示了在连续粒子间传递作用的理论基础很可能建立起适当的模型。1847 年，他在《关于电、磁和电流力的力学表述》一文中，用斯托克斯提出的处理连续介质的转动和应变所用的数学方法，用弹性固体的应力和转动张力的概念来分析电磁力的传播问题。在 1849 年给法拉第的一封信中，W. 汤姆逊画了一张磁场中力线的分布图，图中他用术语"力场"说明物质对磁力线的磁导率。在 1851 年的《关于磁学的数学论理论》一文中，他使用了"磁场"这一概念。他把"磁场"表述为"想象的磁性物质在空间连续分布的场"。这里的"磁性物质"可以设想为法拉第的力线第一性理论的一种化身，它布满空间、代表立场的空间分布，可以对力线在空间的分布做出数学的表述。

在 1856 年的一篇论文中，W. 汤姆逊试图为他的物理场提出"动力学解说"。他采纳了热力学中分子运动理论，以及兰金的"以太"大气围绕分子核做旋涡运动的热理论。他表示，一切电磁吸引或排斥的现象和电磁感应的现象都可以被简单地视为构成热的运动物质的惯性和压力来加以解释。热的动力学理论为理论场论提供了理论模型。按照 W. 汤姆逊的理论，"以太"的运动构成了场。他设想，"以太"是填满宏观物体的分子之间空隙的连续流体，"以太"也可能是由离散分子构成的，也可能所有物质最终都是连续的，甚至物质表面的分子结构也是由连续"以太"的涡旋运动所产生的。之后的 W. 汤姆逊花了很长的时间来论证他的这种理论模型的物理实在性。从他 1858 年的一份手稿中看到，W. 汤姆逊认为物质是连续的，根据"以太"填充理论，物体的分子结构、刚性和不可穿透性都是由理想弹性"以太"连续体的涡旋运动造成的。他在 1867 年的《论涡旋原子》

的论文中提出了"涡旋原子"的理论，指出："亥姆霍兹环是唯一真实的原子"。连续"以太"之内的旋转运动奠定了物质论的基础，因此也为场论提供了基础。①

如何解决"以太"和物质的关系问题，以及物理场的作用方式问题是法拉第提出的关于场理论的基本问题。詹姆斯·克拉克·麦克斯韦为发展法拉第的物理场理论做了最系统的研究工作。麦克斯韦为法拉第的物理观念建立数学的表达，同时还修正了法拉第的概念，对法拉第利用周围媒质连续粒子的作用和物理力线理论作了改进和深刻的数学和概念分析，形成了系统的场的物理模型和数学模型。麦克斯韦遵循了 W. 汤姆逊的数学和物理概念，采用了他用分子涡旋的转动模型来表示场的物理构造。

1856 年的论文《论法拉第的力线》是麦克斯韦对场论的最早探索。在此论文中，受到 W. 汤姆逊关于数学模型和物理实在关系的方法的启发，麦克斯韦希望重视数学表述和物理描述之间的差异，同时也希望得到对自然界作数学描述的物理含义所在。他建立了一种场的"几何模型"，力在场中作用的方向由分布在空中的力线来表述。为了解释力的强度，他通过"数学的相似性"和"物理类比"的方法，设想了"流体"概念，并假定不可压缩的流体限制在力线形成的管子里流动。不同于法拉第对场的物理化描述，麦克斯韦把法拉第的力线观念表述为场中力的空间几何分布。对麦克斯韦而言，由法拉第阐明的力学理论描述了"场"的几何结构，表明了力的空间分布、方向和强度，而不是像法拉第本人认为的那样，把"场"的物理结构设想为一种力的媒介。"场"的几何化或者说非中心力化，是把"场"作为第一性存在的关键一步。

----

① ［英］彼得·迈克尔·哈曼. 19 世纪物理学概念的发展[M]. 龚少明，译. 上海：复旦大学出版社，2000：79-82.

1857 年在给法拉第的信中，麦克斯韦把力线的概念推广到解释引力的可能性。虽然麦克斯韦已经有了关于太阳引力线弯曲的思想，但对他而言，这并不意味着绝对空间本身结构的畸变。根据麦克斯韦的理论，空间是"场"存在的条件，"场"的几何模型是以绝对空间的假设为前提的，绝对空间的概念是建立物质实体之间关系的根基。

由于 W. 汤姆逊的启发，麦克斯韦重新考虑场的物理化模型。在汤姆逊工作的基础上，麦克斯韦认为场的物理表述需要以场为基石来建立周围"以太"的理论。在他的《论力线》中，他从力学观点出发，从讨论力线的物理几何入手，再处理电磁场问题，他用"电磁介质"的应变来阐述电、磁力传播的系统论理论。它假定磁场可以被描述为填充着转动涡旋流管的流体，涡旋管的几何排列相当于力线，涡旋旋转的角速度相当于场的强度。麦克斯韦把涡流模型用于力线的物理表述，抛弃了之前提出的抽象化几何描述。

为对涡旋模型的作用机制做进一步深入思考，麦克斯韦对"物理学力线"理论做了精细的研究。他的模型中"以太"的力学结构具有电学的对应物，"以太"的蜂窝单元具有弹性，单元的弹性畸变作为畸变的对应物，会引起一种所谓的表示电－磁介质粒子的"极化单元里的电位移"。"电位移"和麦克斯韦电磁方程组相结合，使电学方程和磁学方程之间出现了对称关系，从而实现了电学和磁学的统一。同时，麦克斯韦在对电磁介质的弹性假设和力学"以太"的弹性应力的对比研究中，计算出弹性横波传递的速度与磁电介质中"电位移"的传播速度相当，并且与光波以同样的速度传播。因此，"光是由引起电磁现象的同样介质的横向振动组成的"。这样麦克斯韦建立了一种具有光学－电磁学关联的统一的"以太"力学理论，是他对"以太"的物理真实性有了更强的信心。

1865 年，麦克斯韦又开始改用抽象的解析法来发展电磁动力学，他放弃了建立"以太"力学机制的特殊模型的努力，认为场的物理理论的确立可能与任何特殊的力学模型都无关。同时，他继续采用力学的术语来表述他的电磁场的动力学理论。当然这种应用只是描述性的，而不是解释性的。在麦克斯韦强调场的储能功能之后，抽象的电动力学框架就更明朗了。在论证了能量只有与材料物质相联系时才能存在后，麦克斯韦得出结论，构成电磁场的"以太"介质是场的能量仓库。电磁波的传播被设想为能量在"以太"中的传播，把以太场看作是能量的储存器，"以太"作用机制服从普遍的动力学定律，对于其细致复杂的具体作用机制则不予追究。

麦克斯韦在 1873 年的《论电学和磁学》的论文中，采用的1867 年由 W. 汤姆逊和泰特在《论自然哲学》一文中提出的分析力学公式，进一步发展了电磁学的动力学解释。他把拉格朗日方程用于建立广义运动方程，采用不涉及动量、速度和能量等概念的纯数学形式，使这些量由广义运动方程中的符号来表示。麦克斯韦强调了 W. 汤姆逊和泰特曾赋予能量以动力学的抽象地位，指出，场由动力学系统的结构和运动来描述，场的能量不需要涉及该动力系统的内部结构就可以加以明确的阐述。也就是说，场是系统内部相邻各部分之间的彼此作用传递的一种物质运动的结构。①

麦克斯韦以力学纲领建立了电磁学理论，洛伦兹则完成了在电磁概念基础上发展起来的普遍物理学。随着 19 世纪后期电磁理论的发展，以及对"以太"测量实验的结果的解释，洛伦兹虽然也赞同麦克斯韦方程组对电磁场的数学处理，但是他对力学

① ［英］彼得·迈克尔·哈曼.19 世纪物理学概念的发展[M].龚少明,译.上海:复旦大学出版社,2000:84—93.

自然观持反对立场，而相信电磁自然观。根据他的电磁以太理论，他认为应该抛弃"以太"的所有机械特征，把自然规律归结为由电磁场方程所描述的性质。根据电磁学世界观，洛伦兹解释了"以太"与物质的关系。麦克斯韦把"以太"看作是物质的一种状态，洛伦兹则将两者截然分开，他设想物质就是带电的粒子（即电子），从而把物质和"以太"分开。从电子和电磁"以太"两者的关系出发，来解释物质和"以太"的关系，电磁场和物质也就截然分开了。① 因此，他指出，由于场完全摆脱了力学的所有性质并与普通物质分离了，场是一种完全独立的物理实在。

按照洛伦兹的观点，电磁学是建立物理学的概念基础，万有引力定律可以通过电磁以太理论得到解释，力学定律也可以被作为电磁学普遍定律的一种特殊情况来处理。如前所述，他还用电磁学术语来定义惯性和质量，否定质量是一个不变的恒量，而把质量作为恒量是牛顿物理学的最基本原理。把质量作为一个可变量的爱因斯坦的狭义相对论正是通过洛伦兹变换得来的。场和能量概念是促使经典物理学过渡到现代物理学的关键环节。1950年，爱因斯坦在《物理学、哲学和科学进步》一文中说道："随着法拉第－麦克斯韦的电磁场理论的产生，要进一步改进实在论概念就成为不可避免的了。人们认为，有必要把最简单的实在那个角色说成是在空间里连续分布的电磁场，而过去这个角色被说成是有种物质。"②

从本体论上来讲，麦克斯韦把场当作物质的一种状态，因此场没有独立的本体地位，至多也只是第二性的存在。洛伦兹虽然

————————

① ［英］彼得·迈克尔·哈曼 . 19 世纪物理学概念的发展［M］. 龚少明，译 . 上海：复旦大学出版社，2000：112.

② ［美］爱因斯坦 . 爱因斯坦文集：第一卷［M］. 许良英，等译 . 北京：北京大学出版社，2013：697.

认为场是一种独立的物理实在，但他的以太场是一种与物质电子各自独立存在的实体，因此它的场概念也并不具有终极的本体论地位。20 世纪之后发展起来的场论，把以太概念从物理学中排除，直接把场与物质等同，场概念成为当代物理学中第一性的存在。

二、相对论场论中的质量概念

（一）量子力学中的讨论

雅默指出，虽然有限自由度的非相对论量子力学的逻辑数学基础，可能充分地为演绎理论的一致表达所建立，但是语义解释，尤其是可观察量的方法论作用仍然有一些含糊不清的问题。具体来说，在经典量子力学的结构内，质量概念的逻辑方法论地位似乎从来没有被彻底澄清。

通常的步骤是使质量概念从经典力学到量子力学的各种陈述中延续下去，质量因此作为一个在以算符和态函数来处理的量子力学问题的公式表达中的多余参数，是否质量本身不是一个可观测量或诸如是否可直接从可观测量导出的问题，以及它是否因此没有被一个像所有其他可观测量一样的算符所表征，这些问题通常被忽视了。

一些人可能会认为，在牛顿式的方式之后，质量的定义和确定可能合法地被量子力学所采用，因为根据艾伦菲斯特（Ehrenfest）和其他人的定理，或者根据对应原理，牛顿的运动方程是一个合乎逻辑的量子动力学基本方程的结果。但是必须认识到，艾伦菲斯特定理只是揭示了波包的动力学行为和牛顿粒子的动力学行为之间的一个相似点：他们没有在概念上将前者还原为后者。另一方面，尽管对应原理的历史和启发对于量子理论的发展很重要，但它不是理论本身的一个主要部分。实际上，从经典物理学到量子力学基本原则的严格推导是不可能的，尽管事实是薛定谔的波动力学到经典粒子力学具有像物理光学到几何光学的相同的关系。从经典力学到薛定谔方程没有一个合乎逻辑的推导，也不可能存在。也许起初把在量子力学基本方程中的 m 仅仅视为粒子特殊类型的一个参数的特性不那么令人反感，此粒子在方程中被涉及并在随后的理论发展中作为惯性因子来推断其物理意义。参数 m 的初步解释和其操作的测定可以由对一个衍射过程的德布罗意方程给出，即 $\lambda = h/mv$，其中波长 λ 由衍射图样测量，v 由测定速度的常规方法之一测量。方程中的参数 m 暂时没有惯性意义。那么问题产生了，是否可以把 m 作为一种惯性因子的解释单独地源自物质的波动性和辐射。事实上可以看到，德布罗意方程 $\lambda = h/mv$ 和能量－频率关系 $E = h\nu$，以及洛仑兹变换方程导致了方程中 m 的惯性解释，像这样一个从其波动方面导出的物质的惯性性质似乎是有趣的，但把质量概念引入经典量子力学不是一个令人满意的程序，因为在这里惯性质量是作为相对论效应出现的。[①]

在经典量子力学中，指定"密度"用于具有分布在名义上无限波前的波函数，使这一"密度"结合起来遍积三维空间就会产生由波或波包表征的粒子的质量值。这样一种量子力学中的"质量"定义，由爱丁顿在他的不相容原理的重构中通过为基本波函数的"密度"分配饱和值而应用。由费米和威尔逊在他们企图使质量的电磁学解释与相对论理论一致的改进中的修改，包括某些与电磁学理论无关的考虑。那么，是否这样一个求助于外在电磁学的考虑必须被解释为一种迹象，即单独的电磁学理论是不能说明物质的惯性属性的。[②]

----

① Max Jammer. Concepts of Mass：in Classical and Modern Physics ［M］. Cambridge：Harvard University Press，1961，pp. 191－192.

② Ibid，p. 193.

（二）狭义相对论场论中的处理

在经典物理学中，一个粒子的质量是一个独立于场概念的概念，粒子和场被视为两个本质上不同的行动主体，粒子是场的来源并通过场起作用，但不是场的一部分。以参数的形式在运动方程中出现的质量，对于被讨论的粒子而言是固有的，它描述了粒子的惯性行为。在这个意义上，质量被称为粒子的"力学质量"，并表示为 m_m。实际上，前面讨论的电磁学质量是一个例外，因为它的来源被假设为粒子电荷和电磁场之间的相互作用，质量在这个理论中是一个衍生的概念，但电荷和场仍然相互不能还原，并且本质上是不同的行动主体。粒子的质量被假设产生于粒子场［自生场（self-field）］的相互作用，或假定为由场独自产生，被称为"场质量"。

如果一个理论中的粒子总质量是其场质量，这个理论将被称为质量一元（mass-unitary）理论。遵循玻恩和费尔德（Infeld）的观点，如果假设只有一个物理实体存在，我们应该称该理论为一元论派（unitarian）理论。一元论派场理论始终是质量一元理论，但并不是每一个质量一元理论必然是一元论派。例如，质量的经典电磁学理论是一个明确地表达质量一元理论的尝试，但它不是一个一元论派理论，因为电荷和场是相互不能还原的概念。①

任何获得质量一元场理论的尝试都因此必须开始于对电磁场的麦克斯韦基本方程的彻底修改。大部分对麦克斯韦－洛伦兹理论的重新表达并没有多少与连贯的电子质量的质量一元起源有关，而是由一个略微不同的目标来实现，他们被征服量子电动力学中某些有关本性的困难的愿望所激励。作为由狄拉克、海森

----

① Max Jammer. Concepts of Mass: in Classical and Modern Physics ［M］. Cambridge: Harvard University Press, 1961, p. 195.

堡、泡利和约尔旦，以及费米基于电磁场和电子—正电子场概念所建立的现代量子电动力学，既是场理论又是基本粒子理论。量子化电磁场的状态与光量子相联系，量子化电子—正电子场与电子相联系。在这一理论发展的早期阶段，电子的自能量（self-energy），在微扰理论计算的最低阶，原来是一个发散的量。虽然基于狄拉克的空穴（hole）理论，这种发散由于真空自能量部分的抑制，是唯一一个对数性质的——与经典自能量的线性发散相反——所有无限质量不可避免的后果，这似乎使理论对于所有实际目的而言成了无效的。为了解决发散困难，最好的想法是先修改经典电磁场理论，从而在经典领域除掉这些无限远的点，并希望所修改的经典理论的量子化因此可能导致一个连贯的量子电动力学。波恩的电磁场的非线性理论作为当时最有希望的途径之一，是一个质量一元理论。[①]

还有一种克服点粒子 m_f 发散困难的途径是"λ – 极限过程"（λ-limiting process），格里高尔·温采尔（Gregor Wentzel）于1933年引入这一推导。[②] 另外，对克服质量和能量的发散困难的建议最具有革命性的地方很可能是那些需要从根本上对空间和时间概念的应用的修改。早在1930年 Ambarzumian 和 Iwanenkozs 就质疑了基本粒子的空间扩展概念，引入了具有有限点阵常数的立方体空间点阵的思想方法，并概述了一项通过差分方程在物理理论中取代微分方程的计划。Watagin 在"G 因子"的幌子下引入了所有基本长度。1938年海森堡强调了引入普遍基本长度而不是普遍基本质量的优越性。席尔德（Schild）在1948年构造了

---

① Max Jammer. Concepts of Mass：in Classical and Modern Physics［M］. Cambridge：Harvard University Press，1961，p. 197.

② Gregor Wentzel. Recent research in meson theory［J］. Review of Modern Physics 19，1947，pp. 1 – 18.

一个（离散的）时空间非连续模型。[①]

雅默指出，这些校正的程序，因为它们对现代场理论的发展是重要的，但由于主要是数学上的技巧处理，因此对质量本身更深刻的理解贡献不大。由克拉默斯（Kramers）首次提出的量子场论中的所谓重整化程序是为了排除归因于电子与电磁场的零点波动相互作用的无穷大。由于与自质量总和的总的可观察质量不可分，贡献于粒子质量的相互作用是完全被忽视的，如果剥夺其与场之间的相互作用，粒子就可能拥有的质量是一个有限的量。对于实验上可观察质量的有限总和给予调整常数的过程一般作重整化处理。这些重整化程序，除了从纯数学的角度来看是有问题，似乎既不导致质量本身的一致解释，也不导致一个明确的基本粒子质量谱的预言，并不是一个令人满意的质量本身的量子电动力学解释。[②]

（三）广义相对论场论中的处理

历史上，"质量"首次出现在广义相对论的语境中，与所谓的由爱因斯坦于 1916 年发表的"等效原理"有关。惯性质量和引力质量之间的相等或相称暗示了"改变"均匀引力场的可能性。通过引力场与时空结构的合并，惯性质量和引力质量之间的等价在牛顿物理学中是一个经验的和纯粹偶然的特征，现已成为可解释的协变原理的结果。惯性质量和被动引力质量之间的相称成为广义相对论的构成原则。根据等效原理，所谓的"惯性力"（例如离心力），在牛顿力学中具有归因于参考系的不适当选择而被虚构的性质，在广义相对论中则被解释为产生于遥远的宇宙

----

① A Schild. Discrete space-time and integral Lorentz-transformations [J]. Physical Review 73, 1948, pp. 414–415.

② Max Jammer. Concepts of Mass: in Classical and Modern Physics [M]. Cambridge: Harvard University Press, 1961, p. 203.

质量的真实的力。拒绝惯性力和引力在原则上的差异正是等效原理的本质，等式 $m_i = m_p$ 是广义相对论的基础。[①]

与惯性质量和被动引力质量的根本等同相比，广义相对论不能从作用与反作用原理得到主动和被动引力质量的同一，而这正是牛顿物理学基本原理的重要组成部分。对于广义相对论，建立在超距作用（和同时性）概念基础上的作用与反作用原理，与它的场理论的方法是不协调的。[②]

就质量概念而言，广义相对论的早期发展显示了与量子力学早期阶段的相似性。在这两种理论中，质量概念都是通过类比被引入的，以便提供以经验数据和事实为切入点的其他抽象理论。但这两种理论在它们发展的那个阶段，质量的观念是不合法的内容，不适合它们的概念结构。当然，在广义相对论中这种非法性的原因与前面关于量子力学所勾画出的轮廓有完全不同的性质。广义相对论中质量或其等效能量，总的来说不是张量的一个分量，相比之下，密度才是动量—能量张量的 T_{44} 分量。由于张量 T_{mn} 在作为场论的广义相对论中决定物理过程或事件的行为，因而把质量定义为 T_{44} 对三维空间的积分将是合理的。但是，这个积分是只在零曲率空间中的一个张量分量。因此，将质量作为体积乘以密度（牛顿的定义 1）的经典定义——它在概念上与场理论的观点相协调——成为不能接受的，更广泛的质量概念必须被采用。[③]

如何以明确的、协变的和有意义的方式定义广义相对论中动力学系统的质量（或能量）问题，被爱因斯坦、Nordström、克莱因、魏尔及其他人给予重视。为寻求解决的办法，先概括一下

----

① Max Jammer. Concepts of Mass: in Classical and Modern Physics [M]. Cambridge: Harvard University Press, 1961, p. 204.

② Ibid, p. 205.

③ Ibid, p. 207.

狭义相对论所采用的程序似乎是很自然的。在狭义相对论中的动量—能量四维矢量 P，其时间分量为 $-E/c$，满足关系

$$P^2 - E^2/c^2 = -m_0^2 c^2 \qquad (6-8)$$

其中 P^2 是 P 的空间分量平方的总和，m_0 是粒子或所讨论系统的惯性固有质量。现在，方程本身可以被视为质量的定义，方程的左边部分出现的术语可以被单独地测定。

于是问题产生了，即在广义相对论中，一个给定动力学系统的动量—能量矢量是否存在。这个问题在一定程度上由爱因斯坦和克莱因解决了。如我们所知，狭义相对论中动量和能量守恒定律可由洛仑兹不变式微分方程表示

$$divT = \frac{\partial T_{ik}}{\partial x^k} = 0 \qquad (6-9)$$

其中 T_{ik} 为系统总的动量—能量张量。对广义相对论而言，为保持公式的一致，要求动量—能量张量的协变散度消失。一个二阶张量的协变散度的消失，与一个矢量（例如，广义相对论电动力学中的电流-电荷-密度矢量）的协变散度相比，不需要普通散度的消失，如对守恒所要求的那样。爱因斯坦表明，守恒定律可以被写作如下形式

$$\frac{\partial \mathfrak{I}_i^k}{\partial x^k} = 0 \qquad (6-10)$$

并且 $\mathfrak{I}_i^k = (-g)^{1/2}(T_i^k + t_i^k)$，其中的 $(-g)^{1/2} t_i^k$，爱因斯坦称其为"引力场能量的分量"，它被建立在 g^{mn} 和它们的一阶求导之上。通过应用四维高斯定理，能够显示量

$$P_i{}' = \frac{1}{c}\int \mathfrak{I}_i^4 dx^1 dx^2 dx^3 (i = 1,2,3,4) \qquad (6-11)$$

是时间的常数。此外，克莱因表明，$P_i{}'$ 在线性变换下表现得像矢量。由于 $P_i{}'$ 在零曲率空间中还原为狭义相对论的 P_i，类比方程（6-8），通过如下方程来定义体系的质量是自然的

$$m_0 = \frac{1}{c}(P_4'^2 - P_1'^2 - P_2'^2 - P_3'^2)^{1/2} \qquad (6-12)$$

如果 P_i' 独立于坐标系的选择，这样一个质量的定义在广义相对论中将是有意义的。不幸的是，只要爱因斯坦的"引力场能量的分量"被应用，它们就并非如此。爱因斯坦可能只表明了 P_i' 是独立于准伽利略坐标系的选择，也就是说，在距离系统和穿越它（所谓的"管道"或"管"）的四维—空间（four-space）区域足够大的空间的坐标中假设闵可夫斯基空间规度。①

鉴于这些困难，爱丁顿和克拉克于 1938 年建议将动力学系统的质量定义为"在遥远距离给与相同线元的一个等效粒子的质量 M"。更确切地说，当距离没有大到使势能的时间间隔在物理上是有意义的时候，它是所考虑的时刻系统的质量。此外，这个等效粒子的速度和加速度必须等于系统质量中心的速度和加速度。

很显然，引力力学系统的质量概念考虑到按照质量和能量的等价，任何属于系统的势能或动能都对"质量"有贡献。事实上，吉罗切（Gilloch）和麦克雷（McCrea）②，在他们对旋转柱体质量的计算中就使用了这一定义，结果表明，该"质量"等于圆柱体的固有质量加上其动能除以 c^2。然而一般来说，正如爱丁顿和克拉克指出的那样，系统的质量等于固有质量和包括只有当惯性动量 C（关于质心）未被加速时的系统的物体能量的总和。如果 m_i 是该系统的固有质量，K 和 V 分别是动能和势能，那么系统"质量"的一般公式为

$$M = \sum_i m_i(K+V) + \frac{1}{2}\frac{d^2C}{dt^2}。 \qquad (6-13)$$

----

① Max Jammer. Concepts of Mass：in Classical and Modern Physics［M］. Cambridge：Harvard University Press，1961，p. 209.

② Josephine M Gilloch，W H McCrea. The relativistic mass of a rotating cylinder［J］. Proceedinger of the Cambridge Philosophical Society 47，1951，pp. 190 - 195.

当然，经典的质量相加性原则不再有效。之前以个体质量值描述动力学系统的单个组成部分，在广义相对论中似乎不再是合理的。当然，这是场理论为能量概念的解放必须付出的代价。

正如爱丁顿自己指出的，爱丁顿－克拉克的质量定义不符合广义相对论观点的要求。因为可以显示，被定义的量是 $T_{44} + t_{44}$ 的空间积分，其中 t_{44} 表示势能，然而术语 t_{mn}，即所谓的能量动量赝张量，是引力场强度的代数函数（g_{mn} 的一阶导数），就非线性坐标变换来说不是张量。

克拉克在《关于粒子系统的引力质量》一文中重新审视了1935年由惠特克（Whittaker）和鲁塞（Ruse）改进的某些建议。根据他们的观点，在广义相对论中，质量概念可以通过高斯定理的应用在其四维公式中定义。类比静电学，其中系统的电荷由通过一个环绕系统的封闭表面的静电场矢量的总通量确定，封闭表面的相对论引力的总通量与总的被封闭的引力质量成正例，比例系数为 -4π。然而，由于与任何观察者所测量的一样，引力是与观察者的位置以及它的速度和加速度密切相关的，这一事实使得相对论处理变得复杂。惠特克成功地对在所讨论的情况下的静态引力场推广了高斯定理，接着，鲁塞推广了 $ds^2 = g_{mn}dx^m dx^n$ 惠特克公式。静电学高斯定理中电荷的作用被惠特克计算中的 $T_{44} - \frac{1}{2}T$ 替代，在鲁塞的计算中则为 $\lambda^i \lambda^k T_{ik} - \frac{1}{2}T$ 替代，其中 T_{ik} 是能量张量，$T = g^{mn}T_{mn}$，λ^i 是基本观察者的世界线方向（单位向量）。牛顿的质量概念因此不断地被能量张量质量所取代。由于在没有经典意义上的物质时能量张量质量不必要消失，因此引力质量自然必须被归因于力场中所包含的能量的任何形式。从严格的和一致的场论的角度来看，以张量 T_{mn} 表征物质和能量的方式必须被视为只是一个临时的策略，它最终必定被纯粹的场理论方法所替换。爱因斯坦本人非常不喜欢"人为的物质的能量动量张量和曲率张量之间的非法结合"。从而，惠特克－鲁塞－克拉克对质量概念的处理似乎尚未对我们的问题作出最终的解答。①

广义相对论中粒子也可以被视为场 g_{mn} 中的一个奇点。在四维空间中通过场方程将数学限制强加于奇异曲线是这样一个事实的表达：运动定律在广义相对论中没有附加必须被遵从——像在牛顿物理学中一样——的条件，但它是场方程本身的直接后果。由于质量是首要的决定运动的因素，也因为场是最初的和最终的数据，因此引入质量概念的唯一合乎逻辑的以及在方法论上令人满意的方式是通过场方程推导出运动定律。仅从场方程确定运动定律的问题在 1938 年由爱因斯坦、因费尔德和霍夫曼解决了，最后，爱因斯坦和因费尔德在 1949 年给出一个逻辑上仍然简单但技术上更加烦琐的解决方案，它可以达到任意高阶的近似。但是，把质量定义为度规中的奇异又引起了另外的问题，即使是爱因斯坦－因费尔德类推的方法也不能被视为导致了一个明确的质量定义。②

综上所述，关于场论中的质量概念，物质的空间理论必须被考虑。当然，在他们把物理学还原为空间几何的尝试中，质量问题对于这些理论是至关重要的。这正是我们下面将要讨论的内容。

三、引力场与时空结构下的质量本性

19 世纪末的物理学家和哲学家一直希望，如果一个理论可以被构造为揭示了他们所谓的"质量的本性"，即解释了质量的起源、存在和现象属性，那么所有与质量相关的问题就可以得到

---

① Max Jammer. Concepts of Mass: in Classical and Modern Physics [M]. Cambridge: Harvard University Press, 1961, p. 212.

② Ibid, p. 215.

解决。雅默认为，质量理论早已超越了对概念进行量的确定，它需要解决的一个更加严肃的问题是如何避免逻辑循环的错误：如果如上所述，质量概念是在从运动学到动力学的转变中被需要的，那么它必然包含动力学因素，因此质量理论不能只依靠运动学的概念而起作用；相反，它本身必须是一个动力学理论并照此以某种方式涉及在力学中被定义为质量与加速度乘积的力的概念，从而导致一个逻辑循环。①

对质量本性理论的探求起源于一个深刻的认识论动机。现代科学显示，物理学中所有的实验以及所有的测量在最后的分析中基本上都是运动学的，因为它们最终是基于对粒子位置或对作为时间功能的刻度上的指针的观察。如前所述，所有质量的操作定义在特征上都是运动学的，例如，马赫通过两个物体 A 和 B 的质量比 m_A/m_B 等于它们的加速度（反）比来定义质量，即以纯粹运动学上可测量的术语来定义质量，被如此定义的"质量"，已经没有绝对的意义，因为它总是意味着与选择一个物体充当单位质量有关。因此，操作主义的观点认为任何关于"质量的本性"的探讨将是科学上毫无意义的或形而上学上的胡言乱语。但是，正如马赫的批评家们已经指出的，这个定义对于本身的内在含义什么也没说。

如果一个物体或粒子的质量能够以纯粹的运动学术语定义而没有任何关于单位质量的暗示，那么这样一个定义可能就有希望给质量的本性带来些许光明。如果这样一种定义存在，将会使动力学合并到运动学之中，并且根据其他两个基本的力学元素长度 L 和时间 T 来消除质量 M。然而，一般来说，关于质量本性的理论并没有将它们自己限制于纯粹的运动学概念，而是或明或暗地

---

① Max Jammer. Concepts of Mass: in Contemporary Physics and Philosophy [M]. Princeton University Press, 1999, p.143.

都使用了力的概念，而这一做法很容易导致逻辑循环。

为了避免这种僵局，一个动力学质量理论必须挑战被普遍接受的想法，即力学——以及它的质量和力的概念，是被视为一个物理实在的理论，还是只是作为一个超理论的或纯粹数学的形式主义——是物理学的基础。换言之，一个关于质量本性的动力学理论必须赋予狭义非力学理论在概念上优先于力学理论的权利。理论可以是局域的或全域的。由汤姆逊（1881 年）构思并由亚伯拉罕（1902 年）发展的电磁质量理论是一个局域的动力学质量理论。这个理论将电子的惯性行为以及最终每一个基本粒子的惯性行为简化为一个电磁感应的结果。当然，为了避免循环，它赋予电磁学理论逻辑上优先于力学理论的地位。但内在的困难和1905 年狭义相对论的诞生，扼杀了它的进一步发展。①

最有名的一个关于质量的综合动力学理论是与马赫的名字相联系的，马赫是人所共知的相当坚定的实证主义哲学的倡导者。在谈到他的质量的操作定义时，马赫声称，它是一个经验事实，加速度之比 $a_{B/A}/a_{A/B}$ 独立于相互作用物体的初始位置。他说道："我们的注意力被吸引到经验事实，一旦我们已知觉的物质中存在着一种加速度的特殊属性的确定性，我们的任务就终结对这一事实的识别和明确的指定。除了承认这个事实之外，每一个试图超越它的冒险都将导致含混。一旦我们明确在质量概念中没有一种理论而仅是一个经验的事实之后，所有的不安都会消失。"②

在作出这个评论以及批判了牛顿的旋转水桶实验中所显示的离心力是由相对于绝对空间的运动所引起的这一理论之后不久，马赫宣称："没有人能够说，如果容器的边增加厚度和质量直到

---

① Max Jammer. Concepts of Mass: in Contemporary Physics and Philosophy [M]. Princeton University Press, 1999, p. 144.

② E Mach. The Science of Mechanics [M]. La Salle, Ill. Open court, 1960, chapter 2, section 5, paragraph 7.

最终达到几里格的厚度，这个实验将如何证明。"此宣称显然承认了质量具有因果属性的可能性，而这与他在质量定义中所说的"取决于加速度的特殊属性"的观点是不同的。这似乎要求有一个质量的动力学理论，因此也就与马赫先前的断言相矛盾了。

朱利安·巴伯（Julian B. Barbour）认为，如果马赫的声明被视为是暗示，那么这个矛盾是可以解决的，没有人能够说在假设条件下什么会发生于惯性定律（而非质量）。① 这种解释为马赫在其他地方所要求的事实提供了支持，在同一背景下，如果整个宇宙被设置成运动的以及星体处于混乱的运动之中，那么什么会发生于惯性定律？马赫说："只有到那时，我们才会认识到与惯性定律相关的所有物体的重要性，每个物体都分享其重要性。但是每个质量在惯性定律中方向和速度的确定中分享了什么呢？凭我们的经验对于这个问题没有明确的答案可以给出。我们只知道与最远的质量相比较，最近的质量消失了。"②

马赫的这一建议，即质量的分布和运动可以决定被检验粒子的惯性行为，很快由班尼迪克（Benedict）与伊曼努尔·弗里兰德（Immanuel Friedlaender）兄弟在实验上加以检测。他们试图找出粒子在一个巨大的旋转飞轮中心是否受制于离心力，他们称之为"离心力反比"效应，它可被视为"Thirring-Lense 效应"的预期。虽然未能检测到这种效应，但他们还是宣布："当且仅当把相对惯性作为质量的相互作用时，才会获得惯性定律的正确形式，并且引力（同样也是质量之间的相互作用）将还原到一

---

① J B Barbour. Absolute or Relative Motion？［M］. Cambridge：Cambridge University Press，1989.

② E Mach. History and Root of the Principle of the Conservation of Energy［M］. Chicago：Open court，1911，pp. 78 - 79.

个相同的定律。"[①]

爱因斯坦受马赫影响很大，他设计了一项实验来研究运动物体对处于静止的检测粒子的影响，它不同于弗里德伦德尔实验，这是一个思想实验，他利用巨大的空心旋转球代替飞轮。这个实验是设计用来研究粒子的惯性质量，而不是它的惯性运动。球体与粒子的质量分别用 M 和 m 表示。如果无限地分离，在球的半径为 R 时，爱因斯坦计算了联合系统的总惯性质量，通过使用约束能量与质能关系的方程，得到的总质量结果为 $M + m - GMm/Rc^2$，其中 G 是万有引力常数。他表明，质量 m 和（低）速度 u 的粒子的动力学能量由 $T = \frac{1}{2}mu^2c_0/c$ 给出，其中 c 是在粒子位置的光速，c_0 是在无限空间中的光速。由于在粒子位置的引力势 φ 和无限远处引力势 φ_0 满足方程 $\varphi_0 - \varphi = c_0(c_0 - c)$，并且由于 $\Delta\varphi = \varphi_0 - \varphi = GM/R$，粒子的动力学能量（在一阶近似中）为 $T = \frac{1}{2}mu^2(1 + \Delta\varphi/c_0^2)$。因此，粒子的（有效）惯性质量为 $m' = m(1 + \Delta\varphi/c_0^2)$。[②]

爱因斯坦宣称："以其本身而言，这个结果是非常有趣的。它表明惯性空心球的存在增加了处于其中的物质粒子的惯性质量。这使得质量的总的惯性是所有其他质量存在的一个效果的猜想是可信的。"在一个脚注中他补充到，这个结果正好赞成"这个立场，即马赫坚持在他的这个课题上的深刻研究的观点"。从此，爱因斯坦一再宣称粒子的惯性或惯性质量取决于是否存在其他质量以及它们相对于那个粒子的加速度。在 1913 年的维也纳演讲中，他称这种依赖为"惯性的相对性"。

① B Barbour，H Pfister. Mach's Principle [M]. Boston: Birkhauser, 1995, pp. 114 – 118.

② Max Jammer. Concepts of Mass: in Contemporary Physics and Philosophy [M]. Princeton University Press, 1999, pp. 146 – 147.

　　无论是惯性运动或惯性质量，它的假设依赖于宇宙中所有的质量是一个宇宙学的概念。因此，毫不奇怪，是惯性的相对性促使爱因斯坦在 1917 年构造了他的空间有限（封闭）球形宇宙的宇宙模型。他的"宇宙学的考虑"，尽管有种种后来公认的缺陷，但它引起了相对论的宇宙论的现代研究，并因此提升了宇宙学的地位，使之从一个想象力的驰骋到成为科学的规范。①

　　鉴于牛顿理论在宇宙论方面的困难，爱因斯坦认为，宇宙密度应由中心化转为均匀化，他说：

　　　　如果认真思考一下，应当如何看待整个宇宙，我们最先想到的回答大概是这样的：在宇宙，在空间上和时间上是无限的。到处存在着星体，因此虽然物质密度就细部而言变化很大，但平均来说是相同的。换句话说，无论我们在宇宙的空间中走得多么远，处处都会遇到种类和密度大致相同的星群。

　　　　这种看法与牛顿理论并不一致，牛顿理论要求宇宙具有某种中心，中心处的星群密度最大，从中心向外走，星群密度逐渐减小，甚至在极远处成为一个无限的空虚区域。恒星宇宙必定构成了无限空间海洋中的一个有限岛屿。（证明：根据牛顿理论，来自无限远处且终止于质量 m 的力"线"的数目与质量 m 成正比。如果宇宙中的平均质量密度是恒定的，这一个体积为 V 的球包含平均质量 $\rho_0 V$。因此，穿过球面 F 进入球内的力线数与 $\rho_0 V$ 成正比，穿过单位球面积进入球内的力线数与 $\rho_0 V/F$ 或 $\rho_0 R$ 成正比。于是，随着球半径 R 的增长，球

----

　　① Max Jammer. Concepts of Mass: in Contemporary Physics and Philosophy [M] . Princeton University Press, 1999, p. 149.

面上的强场会变成无限大，而这是不可能的。）

这种看法本身已经不太让人满意。更令人不满的是，它导致了如下推论：恒星发出的光以及恒星系中各个恒星不停地奔向无限的空间，一去不复返，也永远不再与其他自然物发生相互作用。这样一个物质在有限处聚集成团的宇宙必定会系统地逐渐贫乏下去。

为了避免这些推论，西利格对牛顿定律做了修改，他假定对于很大的距离而言，两质量之间的吸引力要比按照平方反比 $1/r^2$ 减小得更快。这样一来，物质的平均密度便可以处处恒定，甚至无限远处，而不会产生无限大的引力场。这样我们就摆脱了物质宇宙应当具有某种中心那样的让人不舒服的观念。[1]

爱因斯坦表明，一个必然具有在作为边界条件的空间无限的闵可夫斯基规度的无限宇宙的假设，作为行星运动的相对论处理，将"不遵守惯性的相对性要求"。因为，"如果只是引入质量的单个点……它将拥有惯性，而事实上，惯性与当它被实际宇宙中的其他质量所环绕时一样大"。但如果"我有一个与宇宙中所有其他质量有着足够的距离的质量，其惯性必定下降为零"。这个陈述与他在 1912 年关于引力和电感应之间类推的论文里得到的结论一致。在他的《相对论的含义》的著作中[2]，它被列为马赫原理的三个含义中的第一位，他声称所有这些含义都遵循他自己的广义相对论。三个含义为：1. 如果其他质量堆积在其附近，那么粒子的惯性质量增加。2. 如果一个粒子附近的质量被

① ［美］爱因斯坦. 狭义与广义相对论浅说［M］. 张卜天，译. 北京：商务印书馆，2014：66 - 67.

② A Einstein. The Meaning of Relativity［M］. London: Methuen, 1950, pp. 95 - 96.

加速，那么这个粒子应该感觉到一个沿加速度那个方向的加速力。3. 在一个空心旋转体内的粒子应该体验到径向离心力和在旋转意义上的科里奥利力。

通常我们都理所当然地认为，这是爱因斯坦的所谓的真正体现"马赫原则"的解释。[①] 然而，在对爱因斯坦宇宙学研究论文的分析中，巴伯声称，"爱因斯坦是一个语义混乱的受害者"。根据巴伯的理解，他对马赫的误解是由"惯性"（trägheit）术语的使用这一事实所造成，尤其是在德语中，这一词有两个不同的内涵，一个是在惯性阻力或惯性质量的意义上，一个是在惯性运动甚至是惯性定律的意义上。巴伯认为马赫所关心的只是惯性运动而不是惯性质量。

众所周知，广义相对论并不完全使作为由爱因斯坦在能量张量明确地和完全地决定空－时的度量的意义上构思的马赫的原则成为必要。可以显示，在另外一个空洞的宇宙中的粒子可以具有惯性，或者说马赫效应根本不是一个真正的物理效应，而是可以通过坐标系的适当选择被消除。爱因斯坦在这一原理上的信心逐步减弱，以致最终在他死之前一年，他声称"根本不应该再谈及马赫原则"。

不过，马赫原理在狭义相对论上的准确意义和它的争议性角色，仍然是一个争论的主题。在其整个历史中，马赫原则曾是动力学理论起源与惯性质量本性构造之动机。然而，这些理论不仅必须解释物体的惯性如何是宇宙中远距离物质的相互作用的结果，而且必须解释牛顿运动定律在没有包括任何对远距离物质的参考的情况下是如何这么好地履行了它们的职能的。换言之，这些理论必须满足两个初步印象上不兼容的要求。[②]

----

① Max Jammer. Concepts of Mass: in Contemporary Physics and Philosophy [M]. Princeton University Press, 1999, p. 150.

② Ibid, p. 150.

丹尼斯·威廉·夏玛（Dennis William Sciama）在 1953 年提出一个满足这些要求的理论。[①] 夏玛指出，广义相对论是设计用来使马赫原理具体化的理论，但它失败了，因为场方程意味着在另外一个空的宇宙中的检验粒子具有惯性属性。因此，寻找仅在其他物质在场时将惯性归因于物质的引力理论是值得的。夏玛的理论假设了按照马赫原理在运动学上等效的运动在动力学上也是等效的，因此，一个以确定加速度相对于恒星或宇宙运动的粒子这一陈述，在动力学上等价于宇宙正以相反方向、相同大小进行的加速度运动。这一理论可以概括为企图把通过相对于宇宙加速运动的粒子所感受到的惯性力与通过相对于粒子加速运动的宇宙显现在粒子上的引力看作是等同的。"在任何物体的静止参考系中，从宇宙中所有物质产生的物体的总引力场为零。"这意味着，在任何物体的静止参考系中，宇宙作为一个整体的引力场，取消了局部物体的引力场。

关于可能的粒子惯性静止质量的空间—时间变化，听起来很奇怪，似乎与粒子惯性静止质量的定义相冲突，就像它的能量—动量四矢量 P 的大小，而根据洛伦兹或庞加莱变换，P 是空间—时间不变的。应当指出，用引力理论，如广义相对论，来处理弯曲空间—时间，这些变换不是必然有效的。依赖空间—时间的静止质量的可能性因此不能被排除在外。可变的静止质量已被明确表达，假设所有粒子的质量比是严格不变的，但每一个单独的静止质量相对于普朗克 – 惠勒质量 $(hc/G)^{1/2}$ 经历了一个空间—时间变化。就太阳系内部的引力效应而言，贝肯斯坦（Bekenstein）变质量理论的预言与广义相对论预言相符合。在这一理论中，对于膨胀宇宙，所有宇宙学的解决方案开始于一个奇点，而对膨胀

① D W Sciama. On the Origin of Inertia [J] . Monthly Notices of the Royal Astronomical Society 113，1953，pp. 34－42.

的宇宙早期阶段，变质量理论承认非奇异的解决方案。[①]

四、对基本粒子理论中的讨论

上面我们所讨论的关于质量本性的理论都是基于宇宙学的考虑的。由于所遇到的新的困难，追问现代基本粒子理论是否提供了也许是更深刻地看待质量本性的洞见似乎是自然的。但是我们关于粒子的当前知识难以被期望去解决质量问题，因为到目前为止，基本粒子的质谱抗拒任何解释。没有人知道为什么电子的质量大约是 $0.0005\,\text{GeV}$（或 9×10^{-28} g），μ 介子的质量约为 0.11 GeV，τ 介子的质量约为 2 GeV，而上夸克质量约为 170 GeV。所有试图找到这些不同质量值的一个普遍公式的企图——希望它能导致一个解释性的理论，就像巴尔末公式对氢的谱线的解释对于量子力学的构造是一个线索一样——都失败了。虽然所有观察到的电荷都是基本电荷（1.6×10^{-19}Cb）的整数倍，但是我们发现质量具有所有大小，而没有丝毫迹象显示质量可以量子化。[②]

当前的基本粒子理论，尤其是他们之中最成功的格拉肖－温伯格－萨拉姆（Glashow-Weinberg-Salam）标准模型，被认为预测了质量值。[③] 但是一个更密切的考察显示，某些参数如"弱混合角"（温伯格角），必须被引入，以便与实验达成一致。此外，应用局域规范不变性原理与自发对称性破缺的概念，标准模型联合希格斯机制，赋予了粒子以质量。众所周知，希格斯机制是由彼得希格斯于 1964 年为了把质量引入杨－米尔斯规范理论而发展起来的。萨拉姆和史蒂芬·温伯格分别很快承认其重要性，因

----

① J D Bekenstein, A Meisels. General Relativity Without General Relativity [J]. Physics Review D 12, 1978, pp. 4378–4386.

② Max Jammer. Concepts of Mass: in Contemporary Physics and Philosophy [M]. Princeton University Press, 1999, p. 161.

③ Ibid, p. 162.

为他们企图使弱核力理论和电磁力纳入统一的"弱电"力规范理论。他们希望通过希格斯机制的方式来解决的困难是：弱相互作用的传递者 W^+、W^- 和 Z 玻色子有与这些中等大小核子一样大的质量，然而相应的电磁力的传递者却根本没有质量。由于希格斯机制确实搬开了统一的弱电理论道路上最后的绊脚石，它往往被认为解释了质量的"起源"或"成因"。①

希格斯机制基于假设存在标量场，即"希格斯场"，它弥漫所有的空间，通过与这个场耦合，无质量粒子获得一定数量的势能，并因此根据质能关系获得一个确定的质量。耦合越强，粒子质量越大。这个过程的关键可以作如下类比说明："粒子被认为在它们与希格斯场相互作用中获得质量的方式有点类似于吸墨水纸碎片吸收墨水的方式。在这个比喻中，纸片代表单独的粒子，墨水代表能量或质量。正如不同大小和厚度的纸片吸收不同量的墨水，不同的粒子'吸收'不同量的能量或质量。观察到的粒子质量依赖于粒子的'能量吸收'的能力，以及空间中希格斯场的强度。"②

正如萨拉姆曾表示："无质量的杨－米尔斯粒子为了获得重量'吃掉'希格斯粒子（或场），被吞噬的希格斯粒子变成幽灵。"在希格斯机制中，质量不在粒子内"产生"，而是通过不可思议的无中生有（creatio ex nihilo），从希格斯场转移到粒子，希格斯场以能量的形式包含质量。1983 年在欧洲粒子物理研究所进行的高能质子－反质子对撞机中 W^+、W^- 和 Z 玻色子的实验发现给予了这一理论高度的可信性。2012 年 7 月 4 日，该机构又举行新闻发布会，ATLAS 探测器小组宣布他们在 126 Gev 能级附

① R Castmore, C Sutton. The Origin of Mass [J]. New Scientist 145, 1992, pp. 35 – 39.

② MJG Veltman. The Higgs Boson [J]. Scientific American 255, 1986, pp. 88 – 94.

近探测到希格斯粒子。这无疑将有助于解释物质为何有质量。

海斯克（Bernhard Haisch）、鲁埃达（Alfonso Rueda）和普索夫（H. E. Puthoff）在 1994 年发表于《物理评论》上的一篇文章中，提出了一个新的质量理论，这一理论如果被证明是正确的，将在最基本的层面对我们的物理学理解产生一个深远的修正。[①] 他们的理论可以被部分地视作对电磁质量概念的修正，尽管在许多方面与由维恩、亚伯拉罕、洛仑兹或彭加勒所提出的解释相当不同，例如，他们把惯性质量还原为由静电自身的能量所造成的感应效应。它也可以被视为遵守马赫原理，尽管以马赫没有预期的方式。

与马赫一样，这三位作者把惯性设想为物体的一个属性，而不是内在于物体，但当它相对于一个宇宙参考系处于加速运动之中时在物体中引起质量。然而，与马赫相比，这个参照系不是不同的恒星系，而是所有无孔不入的量子真空或零点场，在其中，与不确定原理一致，亚原子粒子不断地被创造和消灭，即使在缺乏所有热辐射的绝对零度。[②]

W. G. Unruh 指出，这个新理论中的一个关键因素是谨慎应用戴维斯 – 鲁（Davies-Unruh）效应。[③] 据此效应，相对于零点场加速的电荷使场发生扭曲，扭曲的结果是电荷受到一个与加速度成正比但反方向的洛仑兹力。根据这三位作者的观念，这是粒子的电荷和表现为粒子惯性质量的零点场之间的相互作用。这也为电中性粒子如中子所支持的，因为它们由带有电荷的夸克组

----

① B Haisch, A Rueda, HE Puthoff. Inertia as a Zero-Point-Field Lorentz Force [J]. Physical Review A 49, 1994, pp. 678 – 694.

② Max Jammer. Concepts of Mass: in Contemporary Physics and Philosophy [M]. Princeton University Press, 1999, p. 164.

③ W G Unruh. Notes on Black-Hole Evaporayion [J]. Physical Review D14, 1976, pp. 870 – 892.

成。此外，同样的相互作用还解释了引力质量的存在。为了证实这种说法，海斯克和他的合作者复兴了一个想法，即最初由安德烈·萨哈罗夫（Andrei D. Sakharov）建议的，并在随机电动力学的框架里重新阐述它直到得到以下结论：宇宙中所有的带电粒子，关于它们与零点场的相互作用，被迫波动并因此产生次级电磁场。这些场以力显示他们自身，此力在无论它们带哪种电荷的粒子之间都是有吸引的，但比起一般的吸引力或带电粒子之间的斥力，它是相当微弱的。正如在数学细节上表明的，这些力可以被看作引力。最后，他表明这种随机电动力学的质量理论自动合并为弱等效原理。

作为马赫原理的替代，1998 年 7 月，鲁埃达和海斯克发表了海斯克-鲁埃达-普索夫 1994 年惯性质量理论的修改版。新版本避免了前面粒子和场之间相互作用的动力学的特设性构造。从而，任何涉及粒子动力学模型的细节都是独立，并专门处理了有关加速物体的零点场形式。它使用标准场转换而不涉及任何近似，在一个协变方法中达到广义相对论的四维表达。[①]

雅默指出，我们应该充分意识到，他们的惯性质量理论面临着一系列严重的困难，例如，如何说明经验上实证的广义相对论引力效应的问题。[②] 不过，他们的理论仍然是值得商榷的，因为它是从发人深省的哲学观点出发，企图在我们物理实在观念的层次上放弃传统优先的质量概念，并同时免除赞成场的概念。在这方面，他们的理论对牛顿的质量概念所做的就像近代物理对绝对空间概念所做的那样，正如爱因斯坦曾经写道："对绝对空间概念或惯性系概念的胜利之所以成为可能，只是因为物质对象的概

---

① A Rueda, B Haisch. Contribution to Inertial Mass by Reaction of the Vacuum to Accelerated Motion [J]. Foundations of Physics 28, 1998.

② Max Jammer. Concepts of Space: The History of Space in Physics [M]. Harvard University Press, 1970, p. xvii.

念逐渐为作为基本物理概念的场概念所取代。"

由于多种原因，无论是全域的还是局域的，没有一个质量理论获得了普遍的接受。首先，没有人预言了基本粒子的质量；其次，他们不得不与一个新理论竞争，该理论声称不仅要预测这些质量，或至少他们的比例，而且要通过统一自然界中所有的力来解决广义相对论和量子力之间长期存在的冲突。追溯至 20 世纪 60 年代后期，所谓的"超弦理论"是一个处于快速发展并受到相当大争议的理论，它断言物质的基本要素不是像标准模型的粒子一样的点，而是微小的弦，即一维的封闭或打开的振动的细弦。它还声称，质量比可以从弦振动的模式来推断，沿着弦的延伸，容许更多的波长，更高的振动模式对应更高的质量值。[①]

虽然超弦有时被誉为极受欢迎的"万有理论"，但它也存在严重的问题。由于弦非常地小（比质子小 10^{20} 倍），将可能永远不会在实验室里被直接观察到。此外，它们的振动发生在比普通空间—时间流形的四维更多维的一个空间中。直到 1995 年，不同版本的超弦理论可被解释为所谓的 M – 理论（所有理论之母），但仍未被完全理解。总之，超弦理论是否提供了一个真正令人满意的质量本性的理解，仍然是一个未决的问题。[②]

第三节　爱因斯坦的实在与场本体论

爱因斯坦在 1936 年 3 月出版的美国《富兰克林研究学报》上发表了《物理学和实在》一文。他指出，"实在的外在世界"这一概念完全是以感觉印象为根据的。他认为建立"外在的实在世界"可以分为两步：第一步是形成有形物体（bodily object）

----

① Max Jammer. Concepts of Mass: in Contemporary Physics and Philosophy [M]. Princeton University Press, 1999, p. 166.

② Ibid, p. 167.

的概念和各种不同的有形物体的概念，并且这个概念的意义和根据都唯一归源于我们联想起它的感觉印象的总和。第二步是在我们的思维中给有形物体这个概念以一种独立的意义，它高度独立于那个原来产生这个概念的感觉印象，这就是我们在把"实在的存在"加给有形物体时所指的意思。关于各个概念的形成和它们之间的联系方式，以及我们如何把这些概念同感觉经验对应起来。爱因斯坦宣称："指导我们的是：只有成功与否才是决定因素。"只需要定下一套共同遵守的规则即可，且这套规则只适用于某一特殊领域才会有效，不存在康德意义下的终极范畴。借助于这些规则联系，科学的纯粹概念的命题就成为关于感觉经验复合的普遍陈述。那种同典型的感觉经验的复合直接地并直觉地联系在一起的概念叫作"原始概念"。他认为科学的目的，一方面是尽可能完备地理解全部感觉经验之间的关系，另一方面是通过最少个数的原始概念和原始关系（我们现在称为基本概念和基本关系）的使用来达到这个目的。① 他说："我们所谓的科学的唯一目的，是指出'是'什么的问题，至于决定'应该是'什么的问题，却是一个同它完全无关的独立问题，而且不能通过方法论的途径来解决。"②

爱因斯坦以此为指导思想，分析了经典力学以及把力学作为全部物理学基础的原因。爱因斯坦以感觉经验的心理概念理论分析经典力学如何引进客观空间和客观时间的基本概念。经典物理学家在充分信赖空间—时间构造的实在意义的基础上，建立了力学的基础。关于这个基础，爱因斯坦将之纲领式地表达如下：

（a）质点概念：质点是这样的一种有形物体，就

① ［美］爱因斯坦. 爱因斯坦文集：第一卷［M］. 许良英，等译. 北京：北京大学出版社，2013：477–480.

② 同上书，703.

它的位置和运动而言——它能足够准确地被描述为一个具有坐标 x_1、x_2、x_3 的点。它的运动（对空间 B_0 的关系）就由作为时间函数的 x_1、x_2、x_3 来描述。

（b）惯性定律：一个质点离开其他一切质点都足够远时，它的加速度的各个分量就消失了。

（c）（对于质点的）运动定律：力 ＝ 质量 × 加速度。

（d）力（质点之间的相互作用）的定律。

在这里，（b）不过是（c）的一个重要的特例。只有规定了力的定律，才能有真正的理论。为了使一个质点系——各个质点通过力彼此永远联系在一起——可以像一个质点一样地行动，这些力首先必须服从的只是作用同反作用相等的定律。

这些基本定律同牛顿引力定律结合在一起，构成了天体力学的基础。①

在爱因斯坦看来，牛顿物理学实际上起源于质量、力和惯性系的发明。并且，所有这些概念都是自由的发明，他们导致了机械观的建立。② 按照爱因斯坦的形而上学，"我们要选择哪些元素来构成物理实在，那是自由的。我们的选择是否妥当，完全取决于结果是否成功"③。在牛顿的体系中，这些代表物理实在的元素或基本概念是质点、空间和时间。因为，除了物体的实在之外，如果不承认空间和时间也是实在的东西，那么惯性定律和加

① ［美］爱因斯坦．爱因斯坦文集：第一卷［M］．许良英，等译．北京：北京大学出版社，2013：488.

② 同上书，519.

③ 同上书，690.

速度概念就完全失去了意义。① 关于近代物理学革命中物理实在的更替，爱因斯坦说道：

> 对于 19 世纪初叶的物理学家来说，我们的外在世界的实在是由粒子组成的，在粒子之间的作用是简单的力。这些粒子同距离有关。只要有可能，物理学家总要力图保住他的这样的信念：用这些关于实在的基本概念，就可以成功地解释自然界的一切事件。关于磁针偏转的困难以及关于以太结构的困难，都诱导我们去创造一种更加精巧奥妙的实在。于是就出现了电磁场的重大发明。对于整理和理解事件，重要的也许不是物体的行为，而是物体之间的某种东西的行为，即场的行为，要充分地领会这件事，那是需要一种大胆的科学想象力的。

> 以后的发展既摧毁了旧概念，又创造了新概念。绝对时间和惯性坐标系被相对论抛弃了。一切事件的背景不再是一维的时间和三维的空间连续区了，而是具有新的变换性质的四维的时间—空间连续区了，这又是另一个自由的发明。惯性坐标系不再需要了。任何一种坐标系对于描述世界自然界的事件都是同样适用的。

> 量子理论又创造了我们的时代的新的根本特色。不连续性代替了连续性。所以出现的不是掌管个体的定律，而是关于几率的定律。

> 现代物理学所创造的实在同以前的时代固然相去很

----

① ［美］爱因斯坦. 爱因斯坦文集：第一卷［M］. 许良英，等译. 北京：北京大学出版社，2013：619.

远，但是每一种物理学理论的目的是依然是相同的。[①]

爱因斯坦声称："自从法拉第和麦克斯韦时代以来，已建立起这样一种信念：作为一种构造'实在'的基本元素或基石，'物体'（mass）被'场'代替了。""由狭义相对论得出的关于'静态以太'不存在的信念，只是物理学的基本概念从'物体'过渡到'场'的最后一步；所谓的物理学的基本概念就是在关于'实在'的逻辑构造中的一种不可简化的概念元素。因此，我认为要把物体看成是某种'实在的'东西，而把场看成只是一种'幻想'，那是不公平的。"[②]

在牛顿力学中，空间和时间起着双重作用。第一个作用是，它们是物理事件发生的框架，相对于此框架，事件由空间坐标和时间来描述。物质原则上被视为由"质点"所构成的，质点的运动构成了物理事件。第二个作用是，空间和时间作为一种"惯性系"，在所有可设想的参照系中，惯性系被认为具有优先性，因为惯性定律相对于惯性系是有效的。在这里，不依赖于经验主体而被设想的"物理实在"曾被认为由两方面组成：一方面是空间和时间，另一方面是相对于空间和时间而运动着的持续存在的质点。[③] 场概念的出现以及它最终要求原则上取代粒子（质点）概念的这种理论的发展打破了之前的观点。

正如我们前面已经论述过的，在经典物理学的框架中，场的概念是在物质被看成连续体的情况下，作为辅助概念出现的，它只出现在有重物质内部，只是描述物质的一种状态。虽然法拉第和麦克斯韦已经用场概念取代了基于质点力学概念来描述电磁过

----

① ［美］爱因斯坦. 爱因斯坦文集：第一卷[M]. 许良英，等译. 北京：北京大学出版社，2013：519-520.

② 同上书，691-692.

③ 同上书，738.

程，但他们依然把电磁场理解为"以太"的状态，并竭力对其作出机械解释。狭义相对论引入了实在世界的四维性，即闵可夫斯基空间，揭示了所有惯性系的物理等价性，从而否认了静止以太的假说。"因此必须放弃那个把电磁场当作物质载体的一种状态的想法。这样，场就成为物理描述的一种不可简约化的元素，正像牛顿理论中，物质概念也是不可简化的一样。"①

我们在前面谈到的相对论质量是限于在狭义相对论范围内来处理的惯性质量。广义相对论最初的来源在于设法理解惯性质量同引力质量的相等。爱因斯坦在其《物理学和实在》一文中写道：

> 广义相对论的第一个目标是要提出一个雏形，它虽然满足不了构成一个完整体系的所有要求，却能够以尽可能简单的方式同'直接可观察的事实'相联系。如果这理论只限于纯引力力学，牛顿的引力论就能用来作为一个模型。这个雏形可以表达如下：
> 保留质点及其质量的概念。得出一个关于它的运动定律，这个运动定律是翻译成为广义相对论语言的惯性定律。这定律是一组全微分方程，它们具有短程线的特征。
> 牛顿的引力相互作用定律为一组能由 $g_{\mu\nu}$ 张量组成的最简单的广义协变的微分方程所代替。它是通过使一次降秩的黎曼曲率等于零（$g_{\mu\nu}=0$）而构成的。
> 这套表述方式使我们能够处理行星问题。更准确地说，它使我们能够处理质量实际上可忽略的质点在一种

----

① ［美］爱因斯坦. 爱因斯坦文集：第一卷[M]. 许良英，等译. 北京：北京大学出版社，2013：742.

（中心对称）引力场里运动的问题，这种引力场是由一个假定是"静止"的质点所产生的。它不考虑"运动着的"质点对引力场的反作用，也不考虑处在中心的质量是怎样产生这引力场的。①

根据等效原理，当黎曼条件满足时，纯引力场定律可以完全确定。"依照古典力学并且依照狭义相对论，空间、时间是独立于物质或者场而存在的。为了能够完全描述那个充满空间并且依存于坐标的东西，空间—时间或者惯性系和它的度规性质都必须认为一开始就不存在的，要不然，对'那个充满空间的东西'的描述就会是毫无意义的了。""不存在空虚空间这样的东西，即不存在没有场的空间。空间—时间本身并没有要求存在的权利，它只是场的一种结构性质。"②

关于爱因斯坦对"实在的世界"的观点，他在1848年发表在苏黎世《辩证法》上的一篇论文《量子力学和实在》中，他说道："如果有人问，不论量子力学如何，物理观念世界的特征是什么？那么，它首先感到的是：物理概念关系到一个实在的外在世界，就是说，关系到像物体、场等等这些东西而建立起来的观念，它们要求被认为是同知觉主体无关的'实际实在'。这些观念又已经尽可能地同感觉材料巩固地联系着。"③

可见从本质上来讲，虽然爱因斯坦被作为近代物理学的革命者，但在对科学的基本认识上，他同之前和之后的许多物理学家一样，实际上是走的一条中间的路线。那就是一边把经验资料或试探性建议当作理论唯一源泉的马赫主义倾向，另一边则是把诱

---

① ［美］爱因斯坦．爱因斯坦文集：第一卷［M］．许良英，等译．北京：北京大学出版社，2013：498.

② 同上书，746－747.

③ 同上书，609.

人的内在和谐作为真理保证的美学－数学倾向。① 我们可以看到，爱因斯坦的观点包含经验论和唯理论两方面的特征。它最初正是借助马赫的感觉经验的理论而同旧的时空物质理论做了决裂，但一旦他抛弃了旧理论之后在新的基础上建立了另一套学说时，他的新学说基础中的形而上学就再一次成为了马赫眼中的"教条"。这也许就是作为一个彻底的经验论者马赫最初赞同爱因斯坦，而后来又反对他的主要原因。

---

① ［美］科恩，等．马赫：物理学和哲学家［M］．董光璧，等译．北京：商务印书馆，2015：181.

第七章 从科学哲学和现象学的角度看质量概念

我们在前面已经说过，近代物理学把现实分为时空、物质属性和自然法则三个层次。时空告诉我们物质在哪里，物质属性告诉我们物体拥有什么，自然法则预测物质的行为。物质由原子组成，粒子本体论作为经典物理学的形而上学基础，是以质量来描述物质属性的思想基础。到 19 世纪后期，能量也成为物质实体，与质量一起用来描述物质的基本属性。质量概念经由牛顿的惯性质量到电磁学质量再到相对性理论下的广义场论中的质量，物质实体的最基本对象经由粒子转换到场，实体实在转变为结构实在；同时，场的本体论统一了质量和能量概念，粒子成为场激发的一种表现和特征，是第二性的实体实在，对物质的理解由构成论过渡到生成论。

通过对实体和实在这两个概念在哲学史上的含义的分析，可以看到，实体往往指具有物理现实的具体事物本身，它既可以是粒子，也可以是场；而实在不是指物体的现实存有性，它是指对物的本质的一种先验规定性。所以，实在既可以是指物理实体的实在，也可以是指结构实体的实在。古希腊对质的传统和数的传统的描述，可以对应为现代科学哲学中的实体实在论和结构实在论。通过广义场论中物质与时空的统一，实际上已经实现了物理实体与结构实体的统一，也即质与数的统一。根据现代物理，物质是结构的物质，结构是物质的结构，物质必须在结构中显现其性质。

第一节　科学哲学中的实在论

早在 20 世纪 50 年代，普特南就以科学实在论奠定了他在当代分析哲学中的地位，他在后来的思想发展中不断改变立场，在当代分析哲学发展过程中极具代表性。

在语言的意义问题上，早期的普特南持一种外在的语义学理论。这一时期，普特南十分强调物质对象本身具有的内在的本质结构，并认为语词的指称正是由于对这种本质结构的正确认识才被固定下来的。这种本质主义的科学实在论的基本命题就是：（a）语词指称的对象是客观存在的，它们对我们产生了因果作用，并且确定了我们使用语词的指称；（b）科学能够揭示对象的本质结构。① 1978 年，普特南提出，除非采用实在论解释，否则科学史上越来越多的成功将是一个"奇迹"。他指出，实在论对真理和存在性都作了断言。在科学领域，越来越多的成功预测反映了越来越接近于真理。由于一个能做出成功预测的理论对特定的理论对象，如电子、应力场等，作了不同断言，因此这些对象必定存在。②

然而与此同时，他自己所提出的语言劳动分工理论认为指称受到历史和环境的影响，这与他的本质主义实在论相矛盾。之后，普特南转向一种他称为的"内在实在论"。形而上学实在论认为真理可以独立于我们对实在的认识而存在。"内在实在论"则把实在论理解为一种经验理论，它把真理看成与我们对语言的使用有关，即我们对"对象"或实在的理解取决于我们对"对

---

① 陈亚军. 从分析哲学走向使用主义——普特南哲学研究[M]. 北京：东方出版社，2002：32.

② Hilary Putnam. What is Realism? [J] . Scientific Realism Berkeley：University of California，1984，pp. 140 – 141.

象"或"实在"这些语词的用法。所谓的真理与指称对象本身的存在并没有必然的对应关系，我们的一切描述都相对于我们的概念框架。持这种非本质主义实在论的当代分析哲学家还有劳丹（Laudan），他强调，虽然许多科学理论的核心术语并无所指，却仍然能够实现成功的预测，例如曾经的燃素理论、热质说和电磁以太。①

为了彻底抛弃形而上学实在论，普特南于20世纪90年代初完全转向"实用主义实在论"。鉴于量子力学不是一种全域的理论，普特南指出，"即使对某一个系统而言，我们对它的确定都不是依赖于它对世界是否作出了完全的描述，而是依赖于我们建立这个系统所采用的观察仪器和'观察者'的角度。""科学家们对实在论的描述本身就存在着这样一个科学无法解决的悖论：一方面，科学家们宣称自己的理论是对实在的完整描述；另一方面，这种描述却不包括作为描述条件的'仪器'和'观察者'，这样，描述就可能变成不完整的了，也就不是实在的了。"② 实用主义实在论反对形而上学实在论试图对实在作完整的描述，普特南甚至抛弃了他早期关于事实和价值的二分法，认为我们与世界的关系是不可分割的，应该从本体论上放弃对世界和实在的幻想，而从人类的现实活动出发，以实践的原则重新构造我们视野中的世界。③

普特南关于实在论的转变过程恰好也反映了在相对论和量子物理理论建立之后，科学对哲学观点的影响逐渐显露并明晰起来。

----

① Laudan. A Confutation of Convergent Realism [J] . Phil. Sci. 48（33），Scientific Realism，p. 231.

② 江怡. 西方哲学史：第八卷 现代英美分析哲学（下）[M] . 北京：人民出版社，2011：936 - 937.

③ 同上书，940 - 941.

关于科学实在论，有不同的实在论主张，主要有真理实在论、实体实在论、范弗拉森的建构经验论、法恩的自然本体论态度以及结构实在论等。实体实在论与形而上学原子论之间，以及结构实在论与形而上学场论之间存在着天然的联盟。[①] 实体实在论认为科学理论所讨论的认知对象中至少有一些是存在着的。牛顿定义物质的量便是以粒子实体实在性为基础的。但在 20 世纪之后的理论物理学中，对于像夸克、引力子、磁子这类假设的实体，实体实在论面临着巨大的困难。

结构实在论并不认为没有观察到的实体存在，而是主张科学理论的数学形式与物理系统的结构之间存在同构性。由于粒子的本体论地位变得含糊不清，由理论的数学形式体现出来的不变的结构被认为具有本体论地位。至于对象的个体化问题，詹姆斯·雷迪曼指出："对象是个体化的变量根据与背景有关的转变挑选出来的。因此，根据这种观点，基本粒子仅仅是在粒子物理学中对称群之下的一组组不变量。"[②] 哈瑞和马登指出，物理学的基本理论要么反映了一种原子论的形而上学立场，其中最终的实体是力的点中心；要么反映了一种这样的形而上学立场，其中最终的实体是"大场"（Great Field）。"大场"单一而与流体类似，它的潜势将是因果力量的空间分布，但他们将不断变化，受到高阶不变量的约束。[③]

关于物理理论的数学形式学，爱因斯坦表示："几何学可以是真的，也可以是假的，这要看它有没有能力在我们经验之间建

① ［美］约翰·洛西. 科学哲学的历史导论［M］. 张卜天，译. 北京：商务印书馆，2017：266.

② James Ladyman. What is Structural Realism ［J］. Stud. Hist. Phil. Sci. 29A（1998），p. 420. 转引《科学哲学的历史导论》266.

③ R Harré ，EH Madden. Causal Powers（Oxford：Blackwell，1975），p. 183. 转引《科学哲学的历史导论》266.

立起一切正确的并且可验证的关系。""比如，欧几里得几何作为一种数学体系来考察，它仅仅是同空洞的概念（直线、平面、点等，都不过是'幻想'）打交道。但是，如果人们添加上要用刚性杆来代替直线，那么几何学就变成了一种物理理论。于是定理（像毕达哥拉斯定理）就同实在发生了关系。"①

从古希腊斯多葛学派和原子论时代起，"以某种形式保存"的思想就已经在自然哲学中产生了各种推测。D. W. Theobald 认为，根据结构实在论的观点，不论是把质量还是能量概念作为物理实在，都只是一种哲学上的本体论承诺，因此物理真实的问题不是科学问题。"科学活动的目的是提高我们所掌握的技术语言的充分性。每种语言都有自己的本体，如果我们采用一种语言，就必须采用相关的本体。然后，理论语言被很好地证实和被接受的充分性，将规定一个科学家必须作出的本体论承诺。这种物理实在的观点导致了不存在绝对实在的观点，并进一步暗示接受能量为物理实在。在讨论中强调，物理现实问题是一个哲学问题，而不是科学问题。我们不能为能量假设一个'结构'的事实也被讨论过，但这被认为与能量是否是物理现实的一部分的问题无关。"② 很显然，D. W. Theobald 认为的结构主义更多地属于工具主义的范畴。

美国波士顿大学曹天予教授在 1998 年的一篇国际哲学会议报告论文《表征还是建构，量子场论的一种解释》③ 中，从科学哲学的角度指出，所谓对量子场论的解释，就是要澄清数学形式

---

① [美] 爱因斯坦. 爱因斯坦文集：第一卷 [M]. 许良英，等译. 北京：北京大学出版社，2013：690 - 691.

② D W Theobald. The Concept of Energy [M]. 1966, p. 184.

③ Tianyu C. Representation or Construction? —An Interpretation of Quantum Field Theory [J]. in the Proceeding of the 20th World Congress of Philosophy, 1998, pp. 129 - 141.

系统的意义。具体来说，一是要说明它所描述的基本实体是什么，二是要说明"理论实体"是否是物理实在的客观表征。对此，不同的科学家和科学哲学家持有不同的立场。曹天予将最常见的实在论立场划分为如下几种：粒子本体论、场的本体论（即"场的实在论"）、结构实在论、操作主义、结构主义等。

关于结构实在论，也存在不同的版本。沃若尔的属于"认识版本"，认为科学理论在发展中"有连续性或积累，但连续性是在于形式或结构，而非内容"。例如，麦克斯韦的电磁场理论对菲涅尔的光的波动说有继承性，主要体现在数学形式结构上；他认为相继的理论所指称的并不是同一个物理实在，"以太"之类的本体本身并不可知。法兰奇和雷迪曼属于"形而上学版本"，认为世界只有关系和结构，对"实体"本身采取"取消主义的态度"，认为在诸如量子力学那样的现代科学中讨论"实体"毫无意义。曹天予提出的是"知识论版本"的结构实在论，主张"不可观察实体"存在的必要性，反对"取消主义"，认为形而上学派"单纯的惯性网络的扭结"不足以替代"实体"而承担起支撑作用。同时，由于实体并非直接可观察、可认知的，因此必须依靠"结构特征和关系的知识"的概念网络间接地得以认知。[①]

对于不同立场的实在论，武汉大学的桂起权教授认为，粒子本体论的观点过于传统，这种观点认为唯有"粒子"才是第一性的物理实在，"场"没有独立实在性，至多只是由粒子的实在性派生出来的；操作主义和结构主义属于工具主义的范畴，它们只是把"粒子"和"场"看作场方程或者拉格朗日函数等数学结构的不同表征而已，也是让人难以接受的。桂起权教授比较赞

---

① 桂起权，沈健. 物理学哲学研究[M]. 武汉：武汉大学出版社，2012：143.

同场的本体论和结构实在论，他说："首先我所赞成的基本本体论是'场的本体论'，即认为量子场是第一性的物理实在，场对于粒子具有优先性，'粒子'也是物理实在，但是它作为场量子而出现，场量子是场激发的一种表现和特征。'粒子'对于'场'而言，只是场的复杂结构特征的现象指示器而已。"他认为曹天予那种结构实在论与场物质的实在论两者完全可以相容，"这种结构实在论继承了科学实在论的基本内核，只是更加强调了实在的整体关系和结构方面的特征及其认知上的不可替代的能动作用而已。"①

第二节　论实在、数、质与量

一、亚里士多德范畴学说与实体、量、质

亚里士多德的范畴是指"对主词进行谓述或言说的某种东西"。范畴不是外在于心灵的事物，而是用于描述事物的词或概念。②主词所属的范畴是实体，谓词所属的范畴是属性。亚里士多德共列出十类范畴："不按任何复合方式说的东西中的每一个，或者表示实体、或者表示量、或者表示质、或者表示关系、或者表示位置、或者表示时间、或者表示姿态、或者表示具有、或者表示作用，或者表示承受。实体，如'人'或'马'；量，如'梁肘长''三肘长'；质，如'白的''通晓语法的'。"③ 十种

----

① 桂起权，沈健. 物理学哲学研究[M]. 武汉：武汉大学出版社，2012：141－142.

② 张卜天. 质的量化与运动的量化[M]. 北京：北京大学出版社，2010：55.

③ ［古希腊］亚里士多德. 范畴篇 解释篇[M]. 聂敏里，译注. 北京：商务印书馆，2017：6.

范畴是十种不同的谓词，代表谓述事物的最终方式。除实体之外，其他九种范畴均代表着不同类型的偶性。只有实体可以充当主词，其余九种范畴都是用来表述主词的谓词。实体不依赖于其他东西而独立存在，属性则必须依附于实体才能存在。①

判断的主词可以分为两种：有些主词只能用作主词，有些主词也可以用作谓词。在此基础上，亚里士多德区分了第一实体和第二实体："实体，就其最严格的、第一性的、最确切的意义上说，是既不可以用来述说主词，又不存在于主词之中的东西，如'个别的人'或'个别的马'。那些作为种而包含着第一实体的东西，则被称为第二实体，还有那些作为属而包含着种的东西也被称为第二实体。例如，个别的人被包含在'人'这个种之下，而'动物'又是'人'这个种所隶属的属。因此这些东西——就是说'人'这个种和'动物'这个属——就被称为第二实体。"第一实体对应着个体事物，指的是具体的个别事物本身；第二实体对应着种和属，指的是抽象了个体事物普遍性的一般概念。这两种对实体的定义在近代科学与哲学的各种关于实体的理论中皆有体现。

在亚里士多德的范畴学说中，第一实体占据着首要地位。正是基于这一点，亚里士多德与柏拉图的学说分道扬镳。② 亚里士多德认为第一实体是所有其他东西的基础。除第一实体之外，任何其他东西或者是被用来述说第一实体，或者是存在于第一实体之中。实体有以下几个主要特征：（a）任何实体都不在于一个基体之中；（b）第一实体是个体，第二实体是个体的属和种；（c）实体没有一个相反者；（d）实体没有程度的差别；（e）实体容许有相反的质（但不是同时容纳），这是实体最突出的标

---

① 张卜天. 质的量化与运动的量化[M]. 北京：北京大学出版社，2010：57.

② 同上书，57.

志。在与实体相对的其余范畴中，像位置这样的属性并不内在于基体之中，因为它依赖于物体与包围它的东西的关系。而质和量这样的属性却是基体所固有的。①

在《范畴篇》中，亚里士多德把量作为实体之后的第一个范畴。量回答的是"多少"和"大小"的问题。通过量，一个物体可以被称为大或小，或在部分之外还有部分，或可以被分为若干部分。量可以分为离散量和连续量。离散量的例子有数和语言，因为它们的部分与部分之间没有共同边界；连续量的例子有线、面、体、时间、位置，因为它们的部分与部分之间有共同的边界。量或者由彼此有一定位置关系的部分所构成，如线、面、体、位置；或者由彼此没有一定位置关系的部分所构成，如数、时间、语言。

亚里士多德在《形而上学》中又对数学上的量作了更为细致的定义。他说："量的命意是凡事物可区分为二或更多的组成部分，已区分的每一部分，在本性上各是一些个体。——量，如属可计数的，则是一个众〈多少〉，如属可计量的，则是一个度〈大小〉。对那些可能区分为非延续部分的事物而言，为众；对那些区分为延续部分的事物而言，为度。关于大小，那些延续于一向度空间的是长，二向度的是阔，三向度的是深。这些如众有定限即为数，如长有定限则为线，阔为面，深为立体。"②

量的特征是：（a）量没有相反者；（b）量不允许有程度的不同，如三个东西比另外三个东西并不更是三个东西，也不能说一段时间比另一段时间更是时间；（c）量可以被称为相等或不相等，这是量最突出的标志，如一个体可以等于或不等于另一个

----

① 张卜天. 质的量化与运动的量化[M]. 北京：北京大学出版社，2010：58.

② [古希腊] 亚里士多德. 形而上学[M]. 吴寿彭，译. 北京：商务印书馆，1996：102.

体，一段时间可以等于或不等于另一段时间。

质是指"人们借以称事物拥有某种性质的那种东西"。质是实体的一种偶性，如理智的、白的、健康的，它使某种已经得到本质规定的实体成为本身。在《范畴篇》中，亚里士多德把质分为四种：一是习性和状况，习性如知识和德性，较为持久和稳定，状况如暑热、寒冷、健康、疾病，比较容易改变；二是天生的能力或无能，如一个物体被称为是硬的，是因为它拥有一种抵抗能力可以抗拒破坏；三是影响的质和影响，如甜、苦、酸、热、冷、黑、白等等，它们都可以对感官造成影响；四是形状和外形，如曲、直、有三个角等等。如果按照西方近代哲学的分类，第二种和第三种可归于物体的第二性质，第四种则可归于第一性质。

在《形而上学》中，亚里士多德说："'质'〈素质〉的命意：（一）是本体的差异，例如，人是具有某些素质的动物，因为他是两脚的，马也是具有某些素质的动物，因为它是四脚的；圆是一个具有特质的图形，因为这是没有角的。这些显示主要差异的就是质。这是质的第一义。（二）其第二义应用于数理上的不动变对象，列数各有某些素质，例如，不止一向度的组合数，若平面（两向）与立体（三向）就是二次与三次数的抄本；一般地说，数的本体，除其所固有的量性外，还各有素质；每一本体是指那事物之一成不变者，例如，六是二的倍数、三的倍数等，这不是六的本体，六之一成为六，而不复变为非六者，才是六的本体。（三）能变动本体之一切秉赋有所变化（如冷与热、黑与白、重与轻和其他类此的）而物体也跟着演变者，这些秉赋亦称素质。（四）各种品德之称为'素质'者，通常就指善与恶。"接着，在此基础上，他把"质"分为两类。"这样，'质'实际有两类含义，其中之一应为本义。'质'的第一义就是本体的差异，列数的素质就具有这类基本差异：这些差异有关事物的本质，但这些限于不在变动中，或不作变动论的事物。第二义是事物在变动中所起的质变与动变差异，品德的善恶属于这类。"①

事物可以借助质被称为相识或不相识，这是质独有的特征；质可以有相反者，如白与黑；质允许有程度的不同，如白和更白，这一点为质的量化埋下了伏笔。② 事物的质表现为多个方面，把哪些"质"作为第一实体的本体的差异来加以量化，或者是重与轻、或是冷与热、或是事物的形状或硬度、或是不变的数本身，不同形而上学的选择尝试形成了不同的哲学流派。而一旦物体的某些"质"的方面被选择出来进行量化，具体量化之后即以数来表达大小多少，量的方面（如质量、能量、动量、体积、时间等）则表达为量纲。伽利略选择了重量作为物质的基本属性，笛卡儿选择了体积或广延和动量，牛顿选择了质量，现代物理学场论则选择了可以同质量进行等价换算的能量作为描述物质世界存在的基本概念。

二、海德格尔对实在的分析

对物的本质规定从希腊哲学那里开端，相对于希腊哲学以质的规定性为特征的思辨的形而上学特性，近代科学的特征是一方面要求一种具有普遍性和确定性的概念性思维，另一方面要求对新的经验和操作方法进行控制。为了实现这种变革，海德格尔认为，近代科学除了通过自身发生之外，还基于两方面原因：一是基于劳作经验，即控制和使用存在者的指向和方式；二是基于形而上学，即关于存在之基本知识的筹划，基于对存在者知识性的建构。劳作经验和存在之筹划，按照行为和此在的基本特征而相

----

① ［古希腊］亚里士多德. 形而上学[M]. 吴寿彭，译. 北京：商务印书馆，1996：103－104.

② 张卜天. 质的量化与运动的量化[M]. 北京：北京大学出版社，2010：60.

互交替地出现或发生。① 康德曾说："但我认为，在任何特殊的自然学说中能找到的本义上的科学，正好同其中所能找到的数学一样多。""为了认识一定的自然事物的可能性，并为了对之作先天的了解，还有一个要求，就是要构想概念。这种由概念的构想而来的理性知识就是数学的。"② 按照海德格尔的观点，这种对物之物性的形而上学筹划就体现在"数学的东西"上。"数学的东西是那种可以在物上展现的东西，我们常常已经活动于其中，我们据此将其经验为物或那样的物。数学的东西是那种面对物的基本态度，以这种态度，我们把物当作已经被给予、必然或应该被给予我们的东西来对待。所以，数学的东西是了解诸物的基本前提。"由此，海德格尔得出结论，近代科学的基本特征在真正的意义上是数学的。在此基础上，他通过对牛顿第一运动定律的分析，论述了对于近代科学来说，数学的东西存在于何处，以及它如何展开其本性，并同时固化在某个确定的方向上。③

海德格尔认为，近代科学决定性地得以澄清和确立是通过牛顿的《自然哲学的数学原理》的出版而完成的。书名中的"哲学"意味着一般科学，"原理"指最初的或首要的根据。我们已经在前面论述了牛顿第一运动定律，即惯性定律是如何在近代世界图景的机械化过程中产生的。单一同质惰性（惯性）可量化的微粒论和无差别的同质的无限几何空间构成惯性定律的形而上学基础，惯性定律是机械论最直接的表达。海德格尔把亚里士多德的哲学区别于沉迷于纯粹思辨地对无根基的概念进行肢解的中

① [德] 马丁·海德格尔. 物的追问[M]. 赵卫国，译. 上海: 上海译文出版社, 2016: 59–60.

② [德] 伊曼努尔·康德. 自然科学的形而上学基础[M]. 邓晓芒，译. 上海: 上海人民出版社, 2003: 6–7.

③ [德] 马丁·海德格尔. 物的追问[M]. 赵卫国，译. 上海: 上海译文出版社, 2016: 59–60, 69–70.

世纪后期经院哲学，认为近代自然科学的基本法则与亚里士多德提出的关于自然哲学的基本法则或者说先行的经验并无区别，只是当时被当作现象而把握到的东西以及解释它们的方式是不同的。[①] 近代科学通过对亚里士多德的运动和位置概念的改造，达到了一种由质的规定性到量的确定性的运动学说。与亚里士多德相比，无差别的物质概念和无限均匀的空间概念正是近代科学把握相同现象的不同前提之根据，这也是近代科学数学化的前提。

近代科学是由静力学到运动学再到动力学的。康德也把对物质概念的考察看作是量（运动学）、质（动力学）、关系（力学）和模态（现象学）这四类范畴的层层递进。他说："自然科学的形而上学基础就要置于四大部分之下：第一部分撇开运动物的一切质，而根据其量的构成把运动作为一个纯粹的量来考察，这可以被称为运动学；第二部分将运动视为物质所具有的质而在某种本源的动力的名目之下来讨论，因而叫作动力学；第三部分对于带有这种质的物质按照它自己在相对运动中的关系来考察，并设立在力学的名目之下；而第四部分则仅仅涉及表象方式或模态，因而只是作为外感官的现象来规定物质的运动或禁止，它被称为现象学。"[②] 牛顿动力学是在惯性定律的基础上通过引入物质的量和力的概念，从而达到准确定量描述物质在力的作用下所产生的运动状态的变化，即用力来解释定量化的物质的运动加速度。

近代科学不同于亚里士多德由物质来解释运动，而是相反，先确立体现运动的独立本体地位的第一运动定律，把运动作为一个纯粹的量，再由运动来规定物质及其状态的变化。"运动本身不是根据物体的各种不同的本性、能力或力、元素来确定的，而

① ［德］马丁·海德格尔. 物的追问［M］. 赵卫国，译. 上海：上海译文出版社，2016：75.

② ［德］伊曼努尔·康德. 自然科学的形而上学基础［M］. 邓晓芒，译. 上海：上海人民出版社，2003：17.

是相反，力的本质由运动的基本定律来规定。可以这样说，所有顺其自然的物体都将直线－匀速地运动，据此，力的标志就是产生偏离直线－匀速运动的结果。""借助这种新的规定力的方式，同时形成这样一种对质量的规定。"① 这是质量的惯性概念的逻辑来源。质量一方面从粒子本体论基础上被作为物质的量来规定，另一方面作为牛顿物理学数学体系中的由动力学规定的惯性质量被定义。"在确立了第一运动定律之后，所有本质性的改变也一道被设定了。这些改变都是相互关联的，且统统建立在新的基本立场上，它在牛顿第一定律中表达出来，我们称之为数学的立场。"②

一般认为，不同于中世纪经院哲学单纯思辨的概念虚构，近代科学是建立在经验的基础上的。然而，牛顿第一定律却不是一条建立在经验基础上的原理，它所说的不受外力作用的物体恰恰是一种不存在的虚构之物，一种与我们的习惯经验相矛盾的关于物的观念。那么，数学的东西是如何使第一运动定律成为近代科学的最基本原理并决定着变革的方向的。海德格尔说："数学的东西需要具备这样一种资格，即形成对物的某种规定，这些规定不能以经验的方式从这个物本身中汲取，而且对于物的一切规定还要以之为根据，它使其得以可能并首先为其谋得空间。"

不管是伽利略的斜塔落体实验还是他的惯性运动实验，实验的经验结果并不与他所坚持的原理相一致。面对同样的事实，伽利略和他的反对者只是做出了不同的解释而已，而不同的解释恰恰体现了他们对于物质的本质及其运动的本性的不同立场。这种立场是一种先行的思考，用伽利略自己的话：我在心灵中设想一种完全顺其自然的可运动之物。"在心灵中设想"就是自己先行

① ［德］马丁·海德格尔. 物的追问［M］. 赵卫国，译. 上海：上海译文出版社，2016：80.

② 同上书，81.

给予某种关于物的规定。伽利略关于运动所做的先行思考是一种规定，即在任何阻力都被排除了的情况下，物体的运动是直线和匀速的，而当某个恒定的力作用于它的时候，物体的运动会均匀地变化。在这种心灵设想中，那种对于每一个物体本身来说，应该统一确定的东西事先得到了统一。所有物质都是等同的，所有位置都是等同的，所有运动都是平等的，每一种力都是根据其引起运动的变化来确定的。由此，自然过程无非就是质点在均质的空间—时间中运动。①

按照海德格尔的观点，数学的东西作为心灵设想，是跳过诸物而筹划其物性，事实在这种筹划开启的空间中自行显现。牛顿把物的基本规定确定为运动的东西，并加了一个标题：Axiomata，sive leges motus，即公理或运动定律。筹划是公理性的，它以原理的形式表达出来，是对物及物之本质的先行把握，物体只有被嵌入并固定到这个由公理的筹划所勾画出来的均质的时空运动关系的领域中才可能成为物体。自然物不再具有隐秘的特性、力或能力，诸物只是在时空的关系中以质量和作用力为尺度来显现。同时，筹划规定着接受和探寻显现者、经验和实验的方式，正是在数学的东西的基础上，才有了近代意义上的实验，近代科学是在数学筹划的基础上进行实验的。② 数学的筹划作为一种先行的公理性筹划原理形式表达出来的同时，由于这种筹划设定了物体、空间、时间和运动的均质性，故而对这样一种物性的数学本质规定方式的测定是根据同一的量的尺度。

按照海德格尔的观点，数学的东西是来自跳过诸物的心灵设想，所以在数学的东西和自然直观之间的关系的背后，存在着数

---

① ［德］马丁·海德格尔. 物的追问［M］. 赵卫国，译. 上海：上海译文出版社，2016：82 - 83.

② 同上书，84 - 85.

学形式主义的权限和界限的原则性问题。① 众所周知，近代科学发现在方法论上主要是假设、演绎、再证实，而科学实在论或非实在论所争论的问题在于证实的实体到底是假设的数学实体还是被数学所规定的物质实体。

现在，我们谈到实在性这个词，往往指的是事物或物质的现实性或实存。我们说到外部世界的实在性问题，通常指的是某物是否外在于我们的意识，而现实地存在或真实地存在。但海德格尔认为，我们如今所理解的实在性的含义，既不符合它原始的含义，也不符合这个术语在中世纪和康德之前哲学中的早期使用。他分析道："实在性来源于 realitas；实在（realis）意味着那些属于物（res）的内容，这指的是事实，实在的内容就是符合事实的内容，构成某物，比如，一间屋子、一棵树的事实内容（was-gehalt）的东西，属于某事实之本质，属于本质（essentia）。实在性有时意味着某个事实的这种本质规定之整体，或者整体的个别组成部分，所以，比如，广延就是自然物体的某种实在性，进一步说还有重量、密度、阻力，所有这些都是实在的，属于物（res），属于'自然物体'的事实，并不考虑是否物体现实地实存或不实存。"②

正如我们在后面即将要分析的康德实在性概念，笛卡儿所谈到的实体是康德之前的传统意义上的实体概念。就笛卡儿的表达和内容来看，他是在追随经院派并进而在根本上追随亚里士多德对存在所做的追问。对于笛卡儿而言，一个 res（存在者）的实在性，"它们所指的就是：在无需他求意义上的现成可见状态，它无需一个创造者，或无需一个保持和带有被造性质的存有者……'上帝'就是这样的存在者之名号：在其中，一般存在

---

① ［德］马丁·海德格尔. 物的追问［M］. 赵卫国，译. 上海：上海译文出版社，2016：86.

② 同上书，190.

的观念就在真正的意义上得到了实现。"① "我们理解为至上完满的、我们不能领会其中有任何包含着什么缺点或对完满性有限制的东西的那种实体就叫作上帝（Dieu）。"② "在这里，'上帝'完全成了一个纯粹本体论的概念，而由此它也被称为 ens perfectissimum（完满的存在者）。"③ 这也是为什么笛卡儿将他的最高的数学原理归于上帝名下。

　　笛卡儿的关于世界的存在是依据一种预先给定的关于存在的学说背景而构造起来的，并以与亚里士多德相同的方式，通过存在者的属性（Attribute）来把握存在者的存在，而属性所具有的内容本身就将显明原本的存在者。④ 笛卡儿说："凡是被别的东西作为其主体而直接寓于其中的东西，或者我们所领会的（也就是说，在我们心中有其实在的观念的某种特性、性质或属性的）某种东西由之而存在的东西，就叫作实体（Substansce）。"⑤ "实体是通过某一属性而为我们所知的；对每一实体而言，都存在着一种首要的，构成了该实体的类别和本质的属性，而所有其余的属性都归于这个首要的属性。"⑥ 就笛卡儿来说，世界的实在性，或者说世界的原本存在，是通过 extensio，即广延而构成的。"广延是这样的一种关乎世界这一存在者的存在规定：它是在一切其他的规定之先就必须具有的规定，凭此其他的存在规定才能够成

------

① ［德］马丁·海德格尔. 时间概念史导论[M]. 欧东明，译. 北京：商务印书馆，2016：235.

② ［法］笛卡儿. 第一哲学沉思集[M]. 庞景仁，译. 北京：商务印书馆，2016：167.

③ ［德］马丁·海德格尔. 时间概念史导论[M]. 欧东明，译. 北京：商务印书馆，2016：235.

④ 同上书，239.

⑤ ［法］笛卡儿. 第一哲学沉思集[M]. 庞景仁，译. 北京：商务印书馆，2016：166.

⑥ 笛卡儿的《哲学原理》第一卷第53条原理。转引自《时间概念史导论》，241.

其为存在规定；简而言之，空间乃是先天的东西。"①

笛卡儿说："作为广延以及以广延为前提的偶性（如形状、位置、地点的运动等）的直接主体，叫作物体（或肉体、身体）（corps）。"② 广延是物质世界的首要特征，其他一切对世界的规定（如物质的量、运动的量）都是奠定在这个特征之上的。物质唯一地体现在它的长、宽、高三个维度上是广延地存在的。可是，除了作为几何学的对象的这种物质性质以外，"像重量、颜色以及其他的这样一些由感官所感知到的物体性质都可以从物体那里移走，而物体本身依然能够保持完整——由此我们就可以推论：物体的本性并不依赖于以上所举出的任何一种性质。"③ 可见，笛卡儿认为，物体的本性并不依赖于重量、颜色和硬度等感官性质。正是这一区分使得后来英国经验论将物质的性质分为第一性质和第二性质。

"关于世界的本性，除了那些基于 extensio（广延）、figura（形态）、motus（运动）这些普遍的概念而在数学上能够得到证明的东西以外，我们就不能把其他的东西纳入我们的注意，不能将其他的东西看作是真实的。"④ 因此，通过对广延关系的规定和测量，所有的自然现象就可以得到确定性的描述。这样一种对于自然知识的认知途径，即是数学的认识方式。在世界上，只有那些通过数学的手段可以获得规定的东西，才是本来意义上的可以认知之物，只有这种通过数学获得认识的东西才是真实的存

---

① ［德］马丁·海德格尔. 时间概念史导论［M］. 欧东明, 译. 北京: 商务印书馆, 2016: 242.

② ［法］笛卡儿. 第一哲学沉思集［M］. 庞景仁, 译. 北京: 商务印书馆, 2016: 167.

③ 笛卡儿的《哲学原理》第二卷第 3 条原理。转引自《时间概念史导论》, 247.

④ 笛卡儿的《哲学原理》第二卷第 64 条原理。转引自《时间概念史导论》, 249.

在。从一种作为特定的可认知状态的合乎存在的条件，一种特定的空间观念或关于广延的观念这一基础出发，似乎就可以先天地裁定什么能够属于自然的存在；一种特定的带有确定性之标准的知识观念，预先就决定了世界上什么样的东西会被当作原本的存在。① 笛卡儿的这种极端的数学认知方式决定了他最终不能真正完成物理学的数学化，我们在前面关于近代物理学的定量化部分已经详细分析这种转变是如何完成的。

康德把概念范畴分为四类，分别为量的范畴、质的范畴、关系的范畴和模态的范畴。其中量的范畴包括单一性、多数性和全体系，质的范畴包括实在性、否定性和限制性，而把存有、可能性和必然性这三个概念归结到模态的范畴之下。② 可见，实在性并不意味着存有，即现实性。"实在性在纯粹知性概念中是和一般感觉相对应的东西，因而这种东西的概念自在地本身表明某种（时间中的）存在。""所以在现象中，与那本身不变而常住着的时间相应的是存有中的不可改变之物，即实体，而且只有在它身上，现象的相继和并存才能按照时间而得到规定。"③ "实在性属于哪一组范畴，其最一般的意义是什么呢？它是质（Qualitat）——quale，是某个如此这般的、这样或那样的东西，某种是什么（Was）；'实在性'作为事实性回答'物是什么'的问题，而不是回答'它是否实存'的问题。"④ 可见，在康德之前的哲学概念中，实在是一种先验的规定性，对象正是依据实在性的内容才被规定为这样的或那样的。

----

① ［德］马丁·海德格尔. 时间概念史导论[M]. 欧东明，译. 北京：商务印书馆，2016：250.

② ［德］伊曼努尔·康德. 纯粹理性批判[M]. 邓晓芒，译. 北京：人民出版社，2004：71.

③ 同上书，142.

④ ［德］马丁·海德格尔. 物的追问[M]. 赵卫国，译. 上海：上海译文出版社，2016：190.

海德格尔区分了两种不同的量，即作为 quantum 的量和作为 quantitas 的量。"作为 quantitas 的量，作为具有量的东西的尺度和大小，总有某种确定的统一，在这种统一中，部分先于整体而出现，并一道设定这个整体。与之相反，在作为 quantum 的量中，在具有量的东西中，整体先于部分；至于各个部分的数量则是不确定的，而且本身是恒久不变的。"① 作为 quantitas 的量，是一种经由经验综合而反复设定的统一，是一种统一的表象，是一个纯粹知性的概念。相反，作为 quantum 的量不是通过设定而产生的，而是作为一种直观活动而被给予的。例如，康德式的纯粹直观形式的空间和时间。quantitas 始终以 quantum 作为前提条件。从语法上分析，由于英文中没有量词，这里作为 quantum 的量可以理解为在希腊哲学传统中的数，而定量（quantitas）相当于中文语法中的量词。

按照康德的观点，作为 quantum 的空间是一种先于所有对象在其中的显现活动而被直观的东西。它不是通过感官被感觉到，而是纯粹先验地被直观，先于一切或为了一切东西而显现着的直观的形式。他说："外感官的一切量（quantorum）的纯粹形象是空间；而一般感官的一切对象的纯粹形象是时间。但定量（quantitatis）作为一个知性概念，其纯粹图形是数，数是一个单位、一个单位（同质单位）连续地相加进行概括的表现。所以数无非是一般同质直观之杂多的综合统一，这是由于我在直观的领会中产生出时间本身而造成的。"②

对于被经验感知的杂多性，为了被我们的先验直观所接受或接纳，它们必须以某种被限制和界定的规定性被给予。"于是，

---

① ［德］马丁·海德格尔. 物的追问［M］. 赵卫国，译. 上海：上海译文出版社，2016：175.

② ［德］伊曼努尔·康德. 纯粹理性批判［M］. 邓晓芒，译. 北京：人民出版社，2004：141.

对于在一般直观中各种同质的东西的意识，就某种客体的表象首先借此得以可能而言，就是一个量（quanti）的概念。""同质的东西就是连续地把许多相同的东西排列或组合成一个东西，是无差别的杂多的连续。""量（quantitas）使每一个同质的杂多在某种被联结起来的东西中汇聚并站立起来，由此，一种客体的表象才首先得以可能，成为'我思'和与这个'我'相对的东西。"① 简言之，只有可量化的质才能成为被表示的客体。用康德的话说，纯粹知性概念"量"（quantitas）在先天综合判断中被转交给了纯粹直观"量"（quantum）的空间，并由此被转交给了空间中显现着的诸对象。② 牛顿力学中的时间空间和物质的量的概念，在这种形而上学中得到了充分的辩护。

第三节　质量概念的哲学反思

在物理学产生的早期，伽利略拒绝了之前占主导地位的亚里士多德物理学的目的论对自然所做的解释，他不再研究物体运动的终极原因，而仅仅把运动本身作为分析的目标，从而避免了用定性和实体的术语来对运动进行描述，代之以严格的数学方法。为了解释运动的产生，笛卡儿设计出了"第一物质"以太，认为宇宙被这种具有广延性的连续物质所充满，正是在"以太"涡旋的作用下，物体相互接触碰撞形成各种不同的旋涡，并产生了圆周运动。开普勒在对行星椭圆运动的动力学解释的寻求中，提出了惯性质量的概念，使惯性质量作为物质的量的描述成为一个科学的概念。牛顿是以定义物质的量开始他的物理学体系的。如果说伽利略的运动学不需要质量这一概念，笛卡儿的质量等同

---

① ［德］马丁·海德格尔. 物的追问［M］. 赵卫国，译. 上海：上海译文出版社，2016：182.

② 同上书，184.

于体积，而开普勒的惯性质量没有实现其普遍意义和系统，那么牛顿对质量的定义则真正实现了其科学意义及体系化。

"自牛顿以来，现代思想转而认为自然本质上是质量的王国，这些在确定的、可靠的力的影响下，按照数学定律在空间与时间中运动。"牛顿区分了相对的和绝对的、表观的和真实的、日常的和数学的时间与空间，并从绝对运动的证明中推出了绝对空间与绝对时间，世界在这两个不可变化的实体背景中机械地运动。"时间与空间从上帝的偶然事故变成质量运动的纯粹的固定的几何度量……由于把上帝从存在中驱逐出去，在世界上留下来的一切精神的东西，便被关闭在分散的感觉中枢中。外在的庞大王国只是一部数学机器，是在绝对空间与绝对时间中运动的一个质量体系。按照这三个实体，这部数学机器的一切形形色色的变化都能得到严格的最终的表述。"① 在空间和时间的本质被相继表述之后，物体的质量定义成了现代力学所必需的显著成就。

虽然牛顿物理学主要是采用数学的方法来处理力学与天文学问题，但在其思想中，经验主义仍然占据主导地位。所以虽然他将物体设想为只是质量，但明确反对剥夺物体的一切属性，只保留其几何特性和惯性的做法。牛顿在其《原理》中写道："物体的属性，凡既不能增加，也不能减弱者，又为我们实验范围所及的一切物体所具有者，就应该被视为所有物体的普遍属性。"他所称之的"物体的普遍属性"指的是什么呢？牛顿接着写道："整个物体的广延性、坚硬性、不可入性、运动性和惯性来自其各个部分的广延性、坚硬性、不可入性、运动性和惯性。因此，我们可以得出结论说，一切物体的最小微粒也具有广延性、坚硬性、不可入性、运动性，并具有其固有的惯性，这是整个哲学的

----

① [美] 爱德文·阿瑟·伯特. 近代物理学的形而上学基础[M]. 徐向东，译. 北京：北京大学出版社，2004：221.

基础。"① 物体的普遍属性即广延性、坚硬性、不可入性、运动性，惯性为其固有的属性，并且一切物体含有"最小微粒"。可见，牛顿将原子（或粒子）论作为他的一切哲学的最终基础。

有了这一基础，我们就很容易理解为什么牛顿将密度作为基本的和逻辑上先于质量的概念并把质量定义为密度与体积的乘积。因为物质由固有的具有相同密度和大小的基本粒子组成，不同物体的密度因此正比于同等体积中的粒子数目，而物质的量即是所有粒子的集合或总和，那么，把物质的量定义为密度与体积的乘积就再自然不过了。只有抽去牛顿质量定义中的原子论基础，才能说他的质量与密度定义陷入了循环定义。纵观整个牛顿物理学的理论和实验的方法，粒子说或原子论都是它们最终的基础。牛顿式的粒子本体论是物理实在论的体现。

牛顿之后的两三百年中，物理学机械论占据着主导地位。在机械论自然观中，质量等同于物质。但是到了 19 世纪，物理学这个术语的含义发生了重大变化。1881 年，约翰·伯恩在《近代物理系的概念和理论》一书中对当时物理学理论的框架给了新的定义："物理科学，除了研究动力学的普遍定律并将这些定律应用于固体、液体、气体的相互作用系统之外，还包括那些所谓的不可称量因素的理论，亦即包括光、热、电和磁等等的理论；再者，所有这一切眼下都一并作为不同的运动形式来看待，亦即作为一样的基本能量却以不同的表达方式来加以对待。"19 世纪的物理学一个最显著的变化是能量概念为包括光、热、电、磁及力的一切物理现象的解释提供了一个全新的统一的概念框架。能量概念的出现，使得在对物理理论的构建上更加注重定量的描述，以寻求数学规律并建立能量守恒定律为普遍目标。例如，由

---

① ［英］牛顿. 自然哲学的数学原理［M］. 赵振江，译. 北京：商务印书馆，2007：447.

18 世纪开始的拉格朗日和 19 世纪的哈密顿奠定的分析力学，其特点是以运用数学分析的方法，对能量与功的分析代替牛顿力学对力与力矩的分析；分析力学是独立于牛顿力学的描述力学世界的体系，其基本原理同牛顿运动三定律之间可以互相推出。能量的转化与守恒定律作为自然界的普遍规律被确立起来，并获得广泛应用，解释了很多原子论尚不能解答的问题。由此，奥斯特瓦尔德认为，能量是比物质更基本的实体，甚至主张把物质的概念从科学中排除出去。这种物理学虽然在对各种物理现象的解释上仍沿用物质的原子这一概念，但已经不再关心原子和力的性质的假设，质量与力的概念一度被认为是多余的。

事实上，在物理学发生重大变化的同时，数学也发生了一场深刻的变革。19 世纪 20 至 50 年代，一些数学家用相反的命题代替欧几里得几何学的第五共设而发展出一种新几何学。这种非欧几何的诞生标志着由变量数学时期转向纯粹数学。所谓纯粹数学是指单纯对数学形式结构进行内在研究而不涉及物理实在。① 这种数学与当时及后来的物理学变革结合起来，在哲学上产生了以彭加勒为代表的约定主义和由此发展而来的结构实在论。彭加勒的约定论是在对几何学问题上的先验主义和经验主义加以批判的基础上得出的，认为几何学公理不是知识，而是约定。之后，彭加勒将对几何学的约定主义思想推广到力学，但由于认识到力学是一门数学演绎的科学而同时又是一门经验归纳的科学，彭加勒并没有把他的约定概念在物理学中彻底地贯彻。与彭加勒同样具有约定主义倾向的还有皮埃尔·迪昂。在他看来，"物理理论是一个抽象的系统，其目的是对一组实验定律进行逻辑上的概括和分类，而不要求解释这些定律"。实验只涉及感性表象，至于在

----

① [美] 克莱因. 古今数学思想：第四册 [M]. 张理京，邓东皋，等译. 上海：上海科技出版社，1981：103.

此之外"是否存在不同于感性表象的物理实在"以及"这个实在的本质是什么"的问题超出了物理学的范围，是形而上学的对象。同时"物理学的发展是一种符号的描绘，它在不断的改进中得到越来越大的综合性和统一性，而这个综合性和统一性的整体又给出了一幅越来越类似于实验事实整体的画面，这个画面的每个细节要是从整体中割裂开来或把它孤立起来，就会失去全部意义而不再代表任何东西了"，并且"物理理论可以自由地选择任何它所满意的路线，只要它避免任何逻辑矛盾"。① 据此，不管是选择质量和力作为初始概念的牛顿经典力学体系，还是选择虚功与虚位移作为初始概念来重新表述经典力学的分析力学体系，当且仅当其概念与理论在同一个体系中是合逻辑的并与实验事实是一致的，它就是有意义的。

　　之后的结构实在论进一步发展了约定主义思想，把数学上的约定当作是真的，并将之彻底贯彻到物理学，认为，"成功理论中的结构关系（经常直接用数学结构来表达，但也能用模型与类比来间接表达）应当被视为真的，不可观测实体的实在性被逐渐建构"，"在任何一种解释中，虽然结构关系在它们是可检验的这一意义上是实在的，但涉及结构关系的不可观测实体的概念总是具有一些约定的成分，而实体的实在性是在它们所涉及的越来越多的关系中构建或推导出来的。"② 依据结构实在论，所谓的"实在"不是指物质实体，而是关系或数学实在，物理实在本身不可观察，很难判断其实在性，但可以通过它们所涉及的结构关系实在（例如，拉格朗日方程）的确证或否证来间接地把握。

　　与结构主义重视数学的关系不同，对物质的本质持反实在论

---

　　① ［法］皮埃尔·迪昂. 物理理论的目的和结构［M］. 孙小礼，李慎，译. 北京：商务印书馆，2005：23，269.

　　② ［美］曹天予. 20 世纪场论的概念发展［M］. 吴新忠，李宏芳，李继堂，译. 桂起权，校. 上海：上海世纪出版集团 上海科技教育出版社，2008：6.

的还有操作主义思想。随着非欧几何在数学中的确立，康德的先验主义科学哲学受到广泛的批判，一种极端的经验主义开始出现，科学哲学家开始将抽象的科学理论奠定在后天的实验操作的基础之上。操作主义认为，科学概念与相应的操作同义，凡是不能与操作相联系，不能由操作定义的概念都是没有意义的。操作方法即是把对经验的描述分解为具有确定性的各种操作，以这些操作来确定和澄清我们在描述时所用的词或概念。马赫是现代物理学上最早的以操作方法来批判牛顿经典力学的人。他在 1883 年的《力学》中写道："我们没有发现'物质的量'表述适于解释和说明质量概念，因为这个表述本身不具有所要求的清晰性。"为此，他提出用经验的可观察的运动量的比值来定义质量概念，反对以形而上学上虚构的原子为前提，认为物质的量的提法是没有意义的、不必要的，并且认为绝对时间与绝对空间也由于不具有可操作意义而应该被排除出物理学。这种对科学哲学的态度与当时正在日益发展起来的相对论和量子力学相辅相成。

可以说康德哲学是对牛顿经典科学的解读，约定主义是对新数学和新逻辑学的解读，操作主义则是对新物理学的解读。后二者共同的目的都是希望将传统的形而上学的实在论的本质主义从科学中剔除出去，不同之处在于约定主义强调数学和逻辑的构成功能以及以此为基础的分析的方法，但它否认了物理概念本身的经验意义；操作主义则着重于对不同现象做具体经验的描述，从而缺乏对整体理论的普遍性说明。逻辑实证主义综合了这二者的优点，既在形式上做到逻辑自洽，又在内容上要求符合经验事实；既重视对科学结构的逻辑重建，又在这种知识的逻辑结构中突出了经验知识的基础地位。[①] 例如，卡尔纳普区分了理论术语和观察术语，认为质量是作为一个整体的力学公理化体系中的一

---

① 张庆熊，等. 二十世纪英美哲学[M]. 北京: 人民出版社，2005: 505.

个理论术语，其含义由整体的理论派生而来，而不是由直接观察得来的，同时，理论的建构必须以经验事实为基础。

19 世纪，随着电磁学研究的一系列成功，电磁自然观逐步超越并替代了机械论自然观。虽然 19 世纪的物理学依然冠之为"经典的"，但显然已不再是"牛顿的"。在对质量的起源问题的研究中，考夫曼通过实验确证电子的全部质量都是电磁质量；维恩认为一切物体都由正负电荷组成，惯性和引力都是电磁方程组的派生现象，不是第一性的要素；亚伯拉罕宣称电子的质量是纯电磁性的。在此之前，物理学家们大都坚持物理实体的实在概念，质量作为表示物质实在的最本质特征的概念一直被认为是固有的和不变的，而现在它成了只是一种现象。电磁学以及随之而来的场论，使经典的以粒子论为基础的实体概念失去了所依。电磁自然观断言：电磁"以太"是宇宙唯一的、普遍的终极实在，荷电粒子只是它的变化形态。与粒子论相对立的经典场论观点起源于法拉第。根据法拉第的观点，充满空间的力线是实实在在的物理实在，能够变形、运动并产生阻力，具有比原子更大的实在性。① 场论观点否定了粒子论的超距作用，也否定了粒子的本体地位。

虽然如此，在处理"以太"与物质的关系的问题上依然存在不同的态度，但大致来讲经历了从机械以太场概念转向独立的、非机械的电磁场概念的过程。前者主要以英国物理学家为代表，认为作为普遍基质的"以太"是一种非物质介质，把物质看作是"以太"的一种结构，将电磁场设想为遵循牛顿定律的机械以太的一种状态，而非独立的客体；后者主要由欧陆物理学家发展而来，例如，洛伦兹，他摒弃了"以太"的机械性质，

----

① 桂起权. 科学思想的源流[M] . 武汉: 武汉大学出版社, 1994: 206 –
215.

把电磁场作为独立于物质的一种物理实在，而不是物质或"以太"的一种状态，"以太"在这里只是电磁波转播的介质和绝对参考系；并认为力学系统是由带电粒子（电子）构成的物质和电磁场两部分组成，两者的关系是纯电磁的电子与场的相互作用关系。根据洛伦兹的观点，力学定律被视为普适的电磁定律的特殊情况，甚至物质体的惯性和质量，也必须由电磁术语来定义，而不能设想为恒定的。[①]

前面提到，能量作为统一各种运动形式的一种量度，风行于19世纪后期，在经典物理向现代物理的过渡中起到了重要的作用。在狭义的牛顿力学（不包括热力学和电动力学）中，质量和能量是两个完全不同的概念，能量主要局限于动能和势能，且它们之间没有确定的等量关系。严格说来，能量是一个非牛顿的概念，它的出现源于对不可称量流体性质的一种量度，电磁学亦是在能量的守恒和转化这一普遍观念的基础上通过统一电和磁现象发展而来的。1905年，爱因斯坦提出狭义相对论，进一步完善了电磁场论。狭义相对论取消了绝对时空和光的传播介质（即以太）的概念，认为电磁场本身就是物质的一种形态，它的传播不需要介质。电磁场论及其本体论的转换使能量概念在对物质性质的描述上变得比质量更具有普遍性。他还从时空的运动学角度得出了与洛伦兹相同的质速关系，首次提出质能关系，将这两个表面不同的概念联系了起来。然而这个不同只是相对于经典物理而言的。在现代物理学中，物质实体既包括牛顿粒子论的实体，也包括场实体，以粒子论为基础的经典物质的基本特征由质量量度，场的基本特征由能量量度。也就是说，质量和能量都是对物质的量度，只是物质表现为不同的形态。它们的存在并不矛盾，

---

① ［美］曹天予. 20 世纪场论的概念发展［M］. 吴新忠，李宏芳，李继堂，译. 桂起权，校. 上海：上海世纪出版集团 上海科技教育出版社，2008：49 - 53.

质能关系的出现有其必然性。质量概念没有必要用能量来替代，因为既然它们都是对物质的量度，它们的基础地位应该是平等的，如果能量可以取代质量，那么反之亦然。我们认为，在对他们进行物理公式和数学计算时，在表示两者数量关系的时候，他们可以为了方便相互代替，但在对实验和日常现象做解释时，依然可以保留其科学实在的内涵。

物质既是粒子的也是场的，它们如何统一？我们可以从场本体论的立场来看待这一问题。爱因斯坦的引力场纲领采取的是场的本体论，在其广义相对论中，"以太"、空间、真空、场是同一个物理实在。与粒子本体论立场的根本区别在于，场是一个连续的充实（plenum），从亚里士多德的"虚空不可能"到笛卡儿的"广延性"，直至爱因斯坦的"相对论以太"，连续的充实的思想是一致的。1928—1929年，量子电动力学的产生，开创了基本相互作用的第二个研究纲领，即量子场论纲领。根据量子场论纲领，场（量子场）是第一性的实在，通过激发和退激，粒子（即场量子）在场中产生和湮灭，相互作用通过量子场来实现，量子场以局域耦合和场量子的传播为基础。相应于场本体论替代粒子本体论，应该用"生成论"替代"构成论"。以生成论的眼光，场是第一性的物质，粒子是派生的第二性的物质实体，是可生可灭的。[①] 粒子与场在场本体论中是统一的，由此，能量和质量的概念在场本体论中是一体的。

我们的观点是，在对世界进行描述时，既承认其物质的实在也承认其数学的实在，但在对世界的本体论描述上，我们坚持辩证唯物主义的物质观，即认为物质是第一性的实在。进一步，体现在现代物理学中，场是第一性的物质实体。虽然这样区分，在

---

① 桂起权，等．规范场论的哲学探究［M］．北京：科学出版社，2008：183－185.

下面的分析中我们将发现，物质实在与数学实在在现代物理学中是辩证的统一体。

古希腊哲学在对世界基始的追问中，产生了从质的角度和从数的角度两个传统。前者以水本原、气本原与火本原等为代表，后者则是由毕达哥拉斯学派所创立的。比较而言，用具体质的基始解释世界能够说明万物由何构成，但不能说明万物如何构成，即不能说明世界的结构；毕达哥拉斯的数本原，以数为基始，认为一个事物可以缺乏质的规定性，但是却不能没有数的规定性，构成世界本原的不是那些可感的具有物理性质的东西，如水、气、火之类的，而是"数"，由点组成线，由线组成面，由面组成体，最后从体中产生出可感形体，产生出水、土、气、火四种元素。数本原体现了基始的抽象性特点，基始不是具体物质而是一种观念，并从这个观念上给出了世界由"以太"构成的结构特点，即点、线、面、体，然后由此结构中产生出可感的质。可以说现代科学哲学中的数学实在论或结构实在论来源于数本原说。

在基始或实在的意义上，质和数是相对的，世界可以在本体上是质的或者是数的，量作为联系它们的一个中介，其作用是借助于数来对质进行描述。

数作为非质的存在，在科学中主要体现在时间和空间上。时间的单位是秒，空间用长度单位米表示。关于空间的概念有两种不同的纲领。一种是原子论的研究纲领，认为世界的本原就是"原子"（不可分割的粒子）加"虚空"（空无一物的空间），原子在虚空中做永恒的旋涡运动。第二种是亚里士多德的研究纲领，也即我们现在称之为"场论"纲领的，认为虚空不可能存在，宇宙充满着物质的连续体，连续的介质"以太"无处不在，它是不动的、被动的、永远静止的。笛卡儿兼有这两方面的因素而又以场论纲领为其终极纲领。① 牛顿的绝对空间属于第一种纲领。经典电磁学既有牛顿物理的特征，也具备了现代物理的某些因素，牛顿的经典物理学借助电磁学过渡到现代物理学，电磁场中的"以太"作为科学中具有过渡性质的事物到爱因斯坦的相对论中已经变成了一个不必要的概念。让我们再次重申爱因斯坦的话，"依照广义相对论，空间已被赋予物理性质"。根据爱因斯坦的观点，"以太"、空间、场是同一个物理实在，只是我们从不同的角度给它起了三个不同的名称而已。

既然空间与物质是等同的，那么，如我们上面所提到的，质量作为物质的一种量度，是否也可以取代长度用来量度空间呢？这在于质量这个对物质的量化标准是否在广义相对论的场论中依然有效。我们说，一克铁与一克棉花的质量相同，实际上是依据以原子论观点为基础的克的标准得出的结论，即以 C_{12} 的原子量为标准。那么在场论中，我们的标准是什么？即使是能量的单位焦耳，也是通过热功当量以质量、长度和时间的单位得到的。也许质量这个概念在以场为本体的现代物理学中需要有一种新的内涵，这是一个需要在科学和哲学方面继续思考的问题。

到此为止，通过物质与时空的统一，我们实际上已经实现了质与数的统一。关于上节提到的物质实在与数学实在（或结构实在或关系实在）的辩证统一的问题就很明显了。根据现代物理学，物质是结构的物质，结构是物质的结构。物质必须在结构中显现其性质，但并不是如结构实在论者所主张的是结构的派生或副现象；这正如人作为物理个体的存在是其基本的质的存在，而个体要被称为人，又必须是社会关系的一种存在。

综而观之，现代物理学的发展给传统的质量概念带来了三个

----

① 桂起权，宋伟. 充实的真空观：量子场的实在论与生成辩证法[J]. 河南社会科学，2007：3.

问题：一是质量的相对性问题，二是质量与能量的问题，三是关于质量的起源问题。其中前两个问题在现有的科学框架内已得到合理解释，后一个问题依然是当代基本粒子理论以及场理论所面临的一个关键问题。

首先，在经典电子论中，由于电子的半径远小于能对其进行空间定位的康普顿波长，这表明经典电子论并不适合于描述电子的结构，因此建立在此基础上的电子质量计算就失去了理论基础。其次，量子场论中的质量的发散困难从根本上说是由所谓的点粒子模型所引起的，尽管重整化方法能在数学计算和物理意义上给予其相当成熟的说明，但发散结果的存在从基本上消除了传统量子场论成为终极理论的可能性。总之，试图将质量完全归因于电磁相互作用的想法在量子场论中无法实现。

比起量子场论对质量的解释，广义相对论对质量概念的修正更加彻底。它不仅在物理实在的层次上放弃了传统的粒子本体论，而且也不把质量作为由场生成而来的第二性的粒子的性质；它彻底否定了绝对空间，把一个质量的存在作为其他所有质量存在的一个效果。但由于对变质量问题的追溯，对这个问题的解决的期望又转到基本粒子物理中。为了解决对称性自发破缺中的无质量标量粒子的问题，出现了希格斯机制结合杨－米尔斯规范理论对质量来源的解释。在标准模型中，基本粒子的质量来源于电弱统一理论中的规范对称性自发破缺。但是希格斯机制是作为与对称性破缺有关的特殊模型，其本身并没有实现对质量的真正还原。量子色动力学对 π 介子及质子和中子质量的计算得到赝戈德斯通粒子的质量约为核子质量的 93%。这是至今为止在科学上给予质量的最佳答案。并且，这个回答仅限于在宇宙中只占 4% 的可见物质，那么其余更大的质量或能量密度又来自何处呢？是否答案要等到相对论与量子力学之间实现最终的统一那一天才能得出呢？那么至少我们还有方向，又或者我们在沿着一个错误的方向探索，因此始终没有发现终点。

在谈到现代物理学中质量概念的发展时，胡素辉、金尚年在《质量概念的发展》[①] 一文中指出："这有两种可能，一种是质量概念不是物理学中的一个基本问题，对它作不同理解释不影响物理学的发展；另一种可能的情况是质量概念是决定物理学基本发展方向的要素之一，正确理解它的含义将会促使物理学以更快的速度发展。"无论如何，质量概念已经在其历史演变中转换了很多角色，虽然至今早已失去了其最初的本意，但我们还是可以从其发展的过程中得到对它的连贯的理解。在 2015 年诺贝尔物理学奖得主的发现中，微子振荡表明基本粒子理论依然是当前科学界解决关于物质本源问题的最有希望的理论。那么至少从目前来看，质量概念仍是决定物理学基本发展方向的要素之一，正确理解它的含义将会促进物理学未来的发展。

---

① 王福山. 近代物理学史研究[M]. 上海：复旦大学出版社，1986：152.

参考文献

一、中文文献

[1][美]爱因斯坦．爱因斯坦文集：第一卷［M］．许良英，等译．北京：北京大学出版社，2013．

[2][美]爱因斯坦．狭义与广义相对论浅说［M］．张卜天，译．北京：商务印书馆，2014．

[3][美]爱德文·阿瑟·伯特．近代物理科学的形而上学基础［M］．徐向东，译．北京：北京大学出版社，2003．

[4][英]爱德华·格兰特．中世纪的物理科学思想［M］．郝刘祥，译．上海：复旦大学出版社，2000．

[5][英]爱德华·格兰特．科学与宗教［M］．常春兰，安乐，译．济南：山东人民出版社，2009．

[6][英]AJ艾耶尔．二十世纪哲学［M］．李步楼，等译．上海：上海译文出版社，2015．

[7][法]昂利·彭加勒．科学与方法［M］．李醒民，译．北京：商务印书馆，2006．

[8][法]昂利·彭加勒．科学与假设［M］．李醒民，译．北京：商务印书馆，2006．

[9][美]阿伯拉罕·派斯，基本粒子物理学史［M］．关洪，等译．武汉：武汉出版社，2002．

[10][德]FW奥斯特瓦尔德．自然哲学概论［M］．李醒明，译．北京：商务印书馆，2012．

[11][英]彼得·迈克尔·哈曼.19 世纪物理学概念的发展[M].龚少明,译.上海:复旦大学出版社,2000.

[12][美]保罗·费耶阿本德.经验主义问题[M].朱萍,王富银,译.南京:江苏人民出版社,2010.

[13][美]保罗·费耶阿本德.自然哲学[M].张灯,译.北京:人民出版社,2010.

[14][德]保罗·鲁道夫·卡尔纳普,科学哲学导论[M].张华夏,李平,译.北京:中国人民大学出版社,2007.

[15][美]曹天予.20 世纪场论的概念发展[M].吴新忠,李宏芳,李继堂,译.上海:上海科技教育出版社,2008.

[16][美]戴维·林德伯格,西方科学的起源[M].张卜天,译.长沙:湖南科学技术出版社,2013.

[17][德]戴维·玻姆.量子理论[M].侯德彭,译.北京:商务印书馆,1982.

[18][英]WC 丹皮尔.科学史[M].李珩,译.北京:中国人民大学出版社,2010.

[19]邓晓芒.思辨的张力——黑格尔辩证法新探[M].北京:商务印书馆,2008.

[20][美]戴维·林德伯格.西方科学的起源[M].张卜天,译.长沙:湖南科学技术出版社,2013.

[21][荷]EJ 戴克斯特霍伊斯.世界图景的机械化[M].张卜天,译.长沙:湖南科学技术出版社,2010.

[22][法]笛卡儿.第一哲学沉思集[M].庞景仁,译.北京:商务印书馆,2016 年.

[23][奥]恩斯特·马赫.能量守恒原理的历史和根源[M].李醒民,译.北京:商务印书馆,2018.

[24][奥]恩斯特·马赫.力学及其发展的批判历史概论[M].李醒民,译.北京:商务印书馆,2014.

[25][奥]恩斯特·马赫. 感觉的分析[M]. 洪谦，唐钺，梁志学，译. 北京：商务印书馆，1986.

[26][德]恩格斯. 自然辩证法[M]. 北京：人民出版社，1971.

[27][荷]H 弗洛里斯·科恩. 科学革命的编史学研究[M]. 张卜天，译. 长沙：湖南科学技术出版社，2012.

[28][意]伽利略. 关于两门新科学的对话[M]. 北京：北京大学出版社，2006.

[29][意]伽利略. 关于托勒密和哥白尼两大世界体系的对话[M]. 北京：北京大学出版社，2006.

[30]顾毓忠. 现代物理学的概念革新与哲学精神[M]. 长春：吉林大学出版社，1990.

[31]关洪. 关于牛顿的色散研究和质量定义——简评阎康年《牛顿的科学发现与科学思想》[J]. 自然辩证法通讯，1991（1）.

[32]关洪. 量子力学的基本概念[M]. 北京：高等教育出版社，1990.

[33]关洪. 一代神话：哥本哈根学派[M]. 武汉：武汉出版社，2002.

[34]关洪. 原子论的历史和现状[M]. 北京：北京大学出版社，2006.

[35]桂起权，科学思想的源流[M]. 武汉：武汉大学出版社，1994.

[36]桂起权，宋伟. 充实的真空观：量子场的实在论与生成辩证法[J]. 河南社会科学，2007（3）.

[37]桂起权. 再论量子场的实在论和生成辩证法——从生成论与构成论对比的眼光看[J]. 自然辩证法研究，2009（3）.

[38]桂起权，等. 规范场论的哲学探究[M]. 北京：科学出

版社，2008.

[39]桂起权，沈健. 物理学哲学研究[M]. 武汉：武汉大学出版社，2012.

[40]郭奕玲. 质量与速度的关系[J]. 物理，1990（3）.

[41][德]海森堡. 物理学与哲学——现代科学中的革命[M]. 范岱年，译. 北京：科学出版社，1974.

[42]何维杰，欧阳玉. 物理思想史与方法论[M]. 杭州：浙江大学出版社，2001.

[43][英]赫伯特·巴特菲尔德. 现代科学的起源[M]. 张卜天，译. 上海：上海交通大学出版社，2010.

[44][德]黑格尔. 哲学史讲演录：第2卷[M]. 北京：生活·读书·新知三联书店，1957.

[45][德]亨佩尔. 自然科学的哲学[M]. 陈维杭，译. 上海：上海科学技术出版社，1986.

[46]江天骥. 逻辑经验主义的认识论[M]. 武汉：武汉大学出版社，2009.

[47]江怡. 西方哲学史：第八卷现代英美分析哲学（下）[M]. 北京：人民出版社，2011.

[48][俄]乔治·伽莫夫. 物理学发展史[M]. 高士圻，侯德彭，译. 北京：商务印书馆，1981.

[49][英]柯林伍德. 自然的观念[M]. 吴国盛，译. 北京：北京大学出版社，2006.

[50][美]卡斯滕·哈里斯. 无限与视角[M]. 张卜天，译. 长沙：湖南科学技术出版社，2014.

[51][德]莱布尼茨. 莱布尼茨自然哲学文集[M]. 段德智，译. 北京：商务印书馆，2018年.

[52][德]H籁欣巴哈. 科学哲学的兴起[M]. 伯尼，译. 北京：商务印书馆，2004.

[53][古罗马]卢克莱修.物性论[M].方书春,译.北京:商务印书馆,1997.

[54][美]M.克莱因.古今数学思想:第四册[M].张理京,邓东皋,等译.上海:上海科技出版社,1981.

[55][美]RS科恩,等.马赫:物理学和哲学家[M].董光璧,等译.北京:商务印书馆,2015.

[56][美]理查德·S韦斯特福尔.近代科学的建构:机械论与力学[M].彭万华,译.上海:复旦大学出版社,2000.

[57][德]马丁·海德格尔.物的追问[M].赵卫国,译.上海:上海译文出版社,2016.

[58][德]马丁·海德格尔.时间概念史导论[M].欧东明,译.北京:商务印书馆,2016.

[59][英]牛顿.自然哲学的数学原理[M].赵振江,译.北京:商务印书馆,2017.

[60]彭桓武,徐锡申.理论物理基础[M].北京:北京大学出版社,1998.

[61][法]皮埃尔·迪昂.物理理论的目的和结构[M].孙小礼,李慎,译.北京:商务印书馆,2005.

[62]苏联关于质量和能量问题的讨论[M].北京:科学出版社,1959.

[63][英]斯蒂芬·高克罗杰.科学文化的兴起:科学与现代化的塑造(1210—1685):下[M].罗晖,等译.上海:上海交通大学出版社,2017.

[64]孙显元.质量与能量[M].合肥:安徽科学技术出版社,1980.

[65][荷兰]斯宾诺莎.笛卡儿哲学原理[M].王荫庭,洪汉鼎,译.北京:商务印书馆,2013.

[66][美]托马斯·库恩.科学革命的结构[M].金吾伦,

胡新和, 译. 北京: 北京大学出版社, 2003.

[67]唐宇婕. 认识惯性的过程与惯性定理[J]. 力学与实践, 2007 (29).

[68]王福山. 近代物理学史研究: 二[M]. 上海: 复旦大学出版社, 1986.

[69][德]维特根斯坦. 逻辑哲学论[M]. 贺绍甲, 译. 北京: 商务印书馆, 1996.

[70]吴大猷. 古典动力学[M]. 北京: 科学出版社, 1983.

[71]吴国盛. 时间的观念[M]. 北京: 北京大学出版社, 2006.

[72]吴国盛. 希腊空间概念[M]. 北京: 中国人民大学出版社, 2010.

[73]吴国盛. 自然本体化之误[M]. 长沙: 湖南科学技术出版社, 1993.

[74]（汉）许慎撰,（清）段玉裁注, 说文解字注[M]. 浙江古籍出版社, 2006.

[75][古希腊]亚里士多德. 物理学[M]. 张竹明, 译. 北京: 商务印书馆, 2006.

[76][古希腊]亚里士多德. 形而上学[M]. 吴寿彭, 译. 北京: 商务印书馆. 1996.

[77][古希腊]亚里士多德. 范畴篇 解释篇[M]. 聂敏里, 译. 北京: 商务印书馆, 2017.

[78][法]亚历山大·柯瓦雷. 伽利略研究[M]. 刘胜利, 译. 北京: 北京大学出版社, 2008.

[79][法]亚历山大·柯瓦雷. 牛顿研究[M]. 张卜天, 译. 北京: 北京大学出版社, 2003.

[80][法]亚历山大·柯瓦雷. 从封闭世界到无限宇宙[M]. 邬波涛, 等译. 北京: 北京大学出版社, 2003.

[81] [德] 伊曼努尔·康德. 纯粹理性批判 [M]. 邓晓芒, 译. 北京: 人民出版社, 2004.

[82] [德] 伊曼努尔·康德. 自然科学的形而上学基础 [M]. 邓晓芒, 译. 上海: 上海人民出版社, 2003.

[83] 阎康年. 牛顿的科学发现与科学思想 [M]. 长沙: 湖南教育出版社, 1989.

[84] 杨仲耆, 等. 物理学思想史 [M]. 长沙: 湖南教育出版社, 1993.

[85] [美] 约翰·洛西. 科学哲学的历史导论 [M]. 张卜天, 译. 北京: 商务印书馆, 2017.

[86] [澳] 约翰·A 舒斯特. 科学史与科学哲学导论 [M]. 安维复, 译. 上海: 上海科技教育出版社, 2013.

[87] [英] 约翰·马仁邦. 中世纪哲学: 历史与哲学导论 [M]. 吴天岳, 译. 北京: 北京大学出版社, 2015.

[88] 张卜天. 中世纪自然哲学关于运动本性的争论 [J]. 自然科学史研究, 2008 (1).

[89] 张卜天. 质的量化与运动的量化 [M]. 北京: 北京大学出版社, 2010.

[90] 张庆熊, 等. 二十世纪英美哲学 [M]. 北京: 人民出版社, 2005.

[91] 张三慧. 也谈质量概念 [J]. 物理与工程, 2001 (6).

[92] 赵凯华, 罗蔚茵. 新概念物理教程: 力学 [M] 北京: 高等教育出版社, 1995.

[93] 赵凯华, 罗蔚茵. 惯性的本质 [J]. 大学物理, 1995 (4).

[94] 赵凯华. 概念的形成是首要的, 然后才是名称——谈"重力"的定义 [J]. 物理教学, 2011 (1).

[95] 曾谨言. 量子力学 [M]. 科学出版社, 2000.

二、英文文献

［96］A Einstein. The Meaning of Relativity ［M］. London: Methuen, 1950.

［97］A Einstein. Relativity, the Special and General Thoery (1917), Crown, New York, 1961.

［98］A Einstein. Relativity—The Space and General Theory ［M］. London: Methuen, 1988.

［99］A Chalmers. Did Democritus Ascribe Weight to Atoms? ［J］. Australian Journal of Philosophy, 1997, 75.

［100］A Einstein. The Meaning of Relativity ［M］. London: Methuen, 1950.

［101］AKT Assis. Changing the Inertial Mass of a Charged Partical, Journal of the Physical Society of Japan, 1993, 62.

［102］AKT Assis. On Mach's Principle, Foundations of Physics Letters 2, 1989.

［103］A Kamlah. The Problem of Operational Definitions ［M］. Konstanz: Universitatsverlag Konstanz, 1996.

［104］A Kamlah. Two Kinds of Axiomatizations of Mechanics ［M］. Philosophia Naturalis, 1995, 32.

［105］Alexandre A, Martins · Mario, J Pinheiro. On the Electromagnetic Origin of Inertia and Inertial Mass ［J］. Int J Theor Phys, 2008 (47).

［106］A Rueda, B Haisch. Contribution to Inertial Mass by Reaction of the Vacuum to Accelerated Motion, Foundations of Physics 28, 1998.

［107］A Schild. Discrete space-time and integral Lorentz-transformations ［J］. Physical Review, 1948, 73.

[108] AE Chubykalo, J Vlaev. Theorem on the Proportionality of Inertia and Gravitational Masses in Classical Mechanics [J]. European Journal of physics, 1998, 19.

[109] AS Eddington. The Mathematical Theory of Relativity [M]. Cambridge: Cambridge University Press, 1965.

[110] Andrei G. Lebed. Is Gravitation Mass of a Composite Quantum body Equivalent to its Energy? [J]. Cent. Eur. J. Phys. 2013.

[111] A Koslow. Mach's Concept of Mass: Program and Definition [J]. Synthese, 1968 (18).

[112] A Chalmers. Did Democritus Ascribe Weight to Atoms? [J]. Australian Journal of Philosophy, 1997 (75).

[113] B Barbour, H Pfister. Mach's Principle [M]. Boston: Birkhauser, 1995.

[114] B Haisch, A Rueda, HE Puthoff. Beyond $E = mc^2$ [J]. The Sciences 24, November, 1994.

[115] B Haisch, A Rueda, HE. Puthoff. Inertia as a Zero-Point-Field Lorentz Force [J]. Physical Review A 49, 1994.

[116] B Hoffmann. Negtive Mass [J]. Science Journal, 1965.

[117] Buridan. The science of mechanice in the Middle Ages [M]. Madison: University of Wisconsin Press.

[118] C Brans and RH Dicke. Mach's Principle and a Relativistic Theory, physical Review 1961, 124.

[119] Carl G Adler. Does mass really depend on velocity, Dad? [J]. Am. J. Phys. 1987 (55).

[120] CG Pendse. A Note on the Definition and Determination of Mass in Newtonian Mechanics [J]. Philosophical Magazine, 1937.

[121] CG Pendse. A Further Note on the Definition and Determination of Mass in Newtonian Mechanics [J]. Philosophical Magazine,

1938.

[122] CR Eddy. A Relativistic Misconception [J] . Science, 1946.

[123] DW Sciama. On the Origin of Inertia [J] . Monthly Notices of the Royal Astronomical Society, 1953.

[124] DW Sciama. The Physical Structure of General Relativity [J] . Reviews of Modern Physics, 1964.

[125] David William Theobald. The concept of Energy [M] . E. & F. N. Spon Ltd, 1966.

[126] Discoveries and opinions of Galileo [M] . trans. Stillman Drake. New York: Doubleday, 1957.

[127] DW Theobald. The Concept of Energy [M] . London: Spon, 1965.

[128] DE Dugdale. The Equivalence Principle and Spatial Curvature [J] . European Journal of Physics 2, 1981.

[129] E Mach. History and Root of the Principle of the Conservation of Energy [M] . Chicago: Open court, 1911.

[130] E Mach. The Science of Mechanics [M] . La Salle: Open court, 1960.

[131] E Mach. The Analysis of Sensation and the Relation of the Physical to the Psychical [M] . the Open Court Publishing Company. Chicago and London, 1914.

[132] Erik C Banks, Ernst. Mach's "new theory of matter" and his definition of mass [J]* . Studies in History and Philosophy of Modern Physics, 2002.

[133] EF Barker. Energy Transformations and the Conservation of Mass [J] . American Journal of Physics, 1946.

[134] E Meyerson. Identity and Reality [M] . New York: Dover, 1962.

［135］Einstein. A. The mechanics of Newton and their influence on the development of theoretical physics ［M］. New York: Crown Publishers, 1954.

［136］Einstein A, Infeld L, Hoffmann B. The gravitational equations and the problem of motion ［C］. Annals of mathematics, 1938.

［137］Ernest Nagel. The Structure of Science ［M］. Hackett Pub co inc. 1979.

［138］F Flores Einstein's 1935 Derivation of " $E = mc^2$ " ［J］. Studies in History and Philosophy of Modern physics, 1998.

［139］Feynman R. The Feynman Lectures on physics ［M］. Addison Wesley, 1963.

［140］Frank Wilczek. Mass without Mass 1: Most of Matter ［J］. Physics Today, 1999.

［141］Frank Wilczek. Mass without mass 2: the medium is the mass-age ［J］. Physics Today, 2000.

［142］Frank Wilczek. The Origin of Mass and the Feebleness of Gravity ［Z/OL］. http://en. wikipedia. org/wiki/Mass.

［143］G Galilei. Dialogues and Mathematics Demonstration Concerning Two New Sciences ［M］. New York, 1994.

［144］G Galilei. On Motion and on Mechanics ［M］. The University of Wisconsin Press, 1960.

［145］Gary Oas. On the Abuse and Use of Relativistic Mass. 2005.

［146］Gregor Wentzel Recent research in meson theory ［J］. Review of Modern Physics, 1947.

［147］Hermann Bondi. Negative Mass in General Relativity ［J］. Reviews of Modern Physics, 1957.

［148］HC Ohanian. What is the Principle of Equivalence? ［J］.

American Journal of Physics, 1977.

[149] HE Ives. Derivation of the Mass-Energy Relation [J]. Journal of the Optical Society of America, 1952.

[150] HJ Schmidt. A Definition of mass in Newton-Lagrange Mechanics [J]. Philosophia Naturalis, 1993.

[151] Herbert L Jackson. Presentation of the concept of mass to beginning physics student [J]. American Journal of Physics 27, 1959.

[152] Hilary Putnam. What is Realism? [J]. Scientific Realism. Berkeley: University of California, 1984.

[153] I Newton. Mathematical Principles of Natural Philosophy [M]. Harvard University Press.

[154] I Ciufolini, JA Wheeler. Gravitation and Inertia [M]. Princeton University Press, 1995.

[155] Infeld L, Schild A. On the motion of test particles in general relativity [J]. Reviews of Modern physics, 1949.

[156] JB Barbour. Absolute or Relative Motion? [M]. Cambridge: Cambridge University Press, 1989.

[157] JC Maxwell. A Dynamical Theory of the Electromagnetic Field [J]. Philosophical Transactions of the Royal Society London, 1865.

[158] JD Bekenstein, A Meisels. General Relativity Without General Relativity [J]. Physics Review, 1978.

[159] J LaChapelle. Generating Mass Without the Higgs Particle [J]. Journal of Mathematical physics, 1994.

[160] John A Wheeler. Geometrodynamics and the problem of motion [J]. Reviews of Modern Physics, 1961.

[161] John Baez. The Mysteries of Mass [M]. Scientific American, 2005.

[162] John F Donoghue, Barry R Holstein, Robert W Robinett. Renormalization of the Energy-Momentum Tensor and the Validity of the Equivalence Principle at Finite Temperature [J] . Physical Review, 1984.

[163] Josephine M Gilloch, WH McCrea. The relativistic mass of a rotating cylinder [J] . Proceedinger of the Cambridge Philosophical Society, 1951.

[164] JT Firouzjaee, M Parsi Mood, Reza Mansouri. Do we kown the mass of a black hole? Mass of some cosmological black hole models [J] . Gen Relativ Gravit, 2012.

[165] JW Warren. The Mystery of Mass-Energy [J] . Physics Education, 1976.

[166] J W G Wignall. Some comments on the definition of Mass [J] . Metrologia, 2007.

[167] Julian Barbour. The Definition of Mach's Principle [J] . Foundation Physics, 2010.

[168] K Nordtvedt Jr. Equivalence Principle for Massive Bodies [J] . Theory, Physical Review, 1968.

[169] Leibuniz. Leubniz-Clarke Correspondence [M] . New York: Philosophical Library, 1956.

[170] Lev B. Okun. The Concept of Mass [J] . Physics Today, 1989.

[171] Lloyd Motz, Jefferson Hane Weaver. The Concepts of Science From Newton to Einstein [M] . Plenum Press, 1988.

[172] Lord Kelvin, PG Tait. Elements of Natural Philosophy [M] . London: Collier, 1972.

[173] Laudan. A Confutation of Convergent Realism [J] . Scientific Realism.

［174］M Born. Einstein's Theory of Relativy ［M］. New York: Dover, 1962.

［175］M Bunge. Mach's Critique of Newtonian Mechanics ［J］. American Journal of Physics, 1966.

［176］Marshall E. Deutsch. Comments on "A Relativistic Misconception" ［J］. Science, 1946.

［177］MAB Whitaker. Definition of Mass in Special Relativity ［J］. Physics Education, 1976.

［178］Max Jammer. Concepts of Force: A Study in the Foundations of Dynamics ［M］, Dover Publication, 1999.

［179］Max Jammer. Concepts of Mass: in Classical and Modern Physics ［M］. Harvard University Press, 1961.

［180］Max Jammer. Concepts of Mass: in Contemporary Physics and Philosophy ［M］. Princeton University Press, 1999.

［181］Max Jammer. Concepts of Space: The History of Space in Physics ［M］. Harvard University Press, 1970.

［182］Maurice Crosland. The Science of Matter: A Historical Survey ［M］. Gordon and Breach Publishers, 1992.

［183］Marcelo Samuel Berman. On the Machian Origin of Inertia ［J］. Astrophys Space Sci, 2008.

［184］Marco Guerra and Antonio Sparzani. About the Definition of Mass In (Machian) Classical Mechanics ［J］. Foundations of Physics Letters, 1994.

［185］Mendel Sachs. On the inertial Mass Concept In Special and General Relativity ［J］. Foundations of Physics, 1988.

［186］M Enosh, A Kovetz. Is Active Gravitational Mass Equal to Inertial Mass ［J］. International Journal of Theoretical Physics, 1978.

［187］M Haugan，CM Will. Weak Interactions and EötvÖs Experiments ［J］. Physical Review Letters，1976.

［188］MJG Veltman. The Higgs Boson ［J］. Scientific American，1986.

［189］Møller. On the localization of the energy of a physics system in the general theory of relativity ［J］. Annals of Physics，1958.

［190］N Gauthier. Equality of Gravitational and Inertial Mass in Special Relativity ［J］. American Journal of physics. 1986.

［191］N Rosen and F. I. Cooperstock. The Mass of a Body in General Relativity ［J］. Classical and Quantum Gravity，1992.

［192］Okun，L. B. Photons，Clocks. Gravity and the Concept of Mass ［Z/OL］. http：//en. wikipedia. org/wiki/Mass.

［193］O. Belkind. Physical Systems ［M］. Boston Studies in the Philosophy of Science，2012.

［194］PAM Dirac. Quantised Singularities in the Electromagnetic Field ［J］. Proceedings of the Royal Society London，1931.

［195］Peter M Brown. On the Concept of mass in relativity ［J］. Physics，2007.

［196］PK Feyerabend. Problem of Empiricism ［M］. in R. G. Colodny，Beyond the Edge of Certainty，Englewood Cliffs，1965.

［197］PW Bridgman. The Logic of Modern Physics ［M］. New York：Macmillan，1961.

［198］PK Feyerabend. Problems of Empiricism—Philosophical Papers ［M］. Cambridge：Cambridge University Press，1981.

［199］Popper. KR. A note on Berkeley as precursor of Mach ［J］. Brit J Philos Sci，1953.

［200］R Castmore and C Sutton. The Origin of mass ［J］. New Scientist，1992.

[201] RH Dicke. New Research on Old Gravitation [J] . Science, 1959.

[202] R Carnap. An Introduction to the Philosophy of Science [M] . New York: Basic Books, 1966.

[203] RP Bickerstaff, G Patsakos. Relativistic Generalization of Mass [J] . European Journal of Physics, 1995.

[204] RT Smith. Classical Origins of " $E = mc^2$ " [J] . Physics Education, 1992.

[205] Robert Cummins. States, Causes, And the Law of Inertia [J] . Philosophical Studies, 1976.

[206] Ricardo Lopes Coelho. The Law of Inertia: How Understanding its History can Improve Physics Teaching [J] . Science & Education, 2007.

[207] Ricardo Lopes Coelho. On the Definition of Mass in Mechanics: Why is it so Difficult? [J] . The Physical Teacher, 2012.

[208] Ricardo Lopes Coelho. Conceptual Problems in the Foundations of Mechanics [J] . Science & Education, 2012.

[209] Ralph Barton Perry. Present Philosophical Tendencies [M] . New York: Longmans & Green, 1912.

[210] Stefano Re Fiorentin. A Re-interpretation of the Concept of Mass and of the Relativistic Mass-Energy Relation [J] . Found Phys, 2009.

[211] S. Weinberg. Gravitation and Cosmology [M] . New York: John Wiley and Sons, 1972.

[212] TR Sandin. In defense of relativistic mass [J] . American Journal of Physics, 1991.

[213] TS kuhn. The Structure of Scientific Revolutions [M] . University of Chicago Press, 1970.

[214] Takaotati. A theory of elementary particle [J] . Progress in Theoretical Physics, 1957.

[215] The origin of mass [J] . MIT physics annual, 2003.

[216] Tianyu C. Representation or Construction? —An Interpretation of Quantum Field Theory [J] . in the Proceeding of the 20th World Congress of Philosophy, 1998.

[217] VB Braginsky, VI Panov. The Equivalence of Inertial and Passive Gravitational Mass [J] . 1972.

[218] VL Ginzburg. Who Developed the Thoery of Relativity, and How? [J] . Moscow, 1979.

[219] VV Narlikar. The concept and Determination of Mass in Newtonian Mechanics [J] . Philosophical Magazine, 1939.

[220] WB Bonnor. Active and Passive Gravitational Mass of a Schwarzschild Sphere [J] . Classical and Quantum Gravity, 1992.

[221] WG Unruh. Notes on Black-Hole Evaporayion [J] . Physical Review, 1976.

[222] WT Padgett. Problems with the Current Definitions of Mass [J] . Physics Essays, 1990.

[223] WL Fadner. Did Einstein Really Discover " $E = mc^2$ " [J] . American Journal of physics 56. 1988.

[224] Wofqanq Rindler, Michael A Vandyck, Poovan Muruqesan, Sieqfried Ruschin, Catherine Sauter, Lev B. Okun. Putting to Rest Mass Misconceptions [J] . Physics Today, 1990.

[225] W Nawrocki. New Standard of Mass [M] . Springer International Publishing, 2015.

[226] Y Simon, N. Husson. Langevin's Derivation of the Relativistic Expressions for Energy [J] . American Journal of physics, 1991.

[227] Y Nambu. A Matter of symmetry: Elementary Particles

and the Origin of Mass [J] . The Sciences, 1992.

[228] Yuri Bozhkov, Waldyr A Rodrigues, Jr. Mass and Energy In Generral Relativity [J] . General Relativity and Gravitation, 1995.